普通高等学校机械专业卓越工程师教育培养计划系列教材

机械制造技术基础课程设计

冯鹤敏　编

华中科技大学出版社

中国·武汉

内 容 简 介

本书主要介绍机械制造技术基础课程设计指导、机床夹具设计的基本资料和机床夹具零件及部件常用标准。本书内容丰富、资料可靠,包含机床夹具设计中一些最常用的基本资料和机床夹具零部件的常用标准、实用性强,简明扼要,并配有一些典型示例和夹具装配图示例,可供课程设计时参考。

本书可作为普通高等学校大学本科、高职高专和中等专业学校机械制造专业学生机床夹具设计的教学参考书,也可供有关工程技术人员参考。

图书在版编目(CIP)数据

机械制造技术基础课程设计/冯鹤敏编. —武汉:华中科技大学出版社,2013.12
(2023.7重印)
ISBN 978-7-5609-9603-5

Ⅰ.①机… Ⅱ.①冯… Ⅲ.①机械制造工艺-课程设计-高等学校-教材 Ⅳ.①TH16-41

中国版本图书馆 CIP 数据核字(2013)第 317364 号

机械制造技术基础课程设计 冯鹤敏 编

策划编辑:万亚军
责任编辑:万亚军
封面设计:刘 卉
责任校对:邹 东
责任监印:张正林
出版发行:华中科技大学出版社(中国·武汉) 电话:(027)81321913
　　　　　武汉市东湖新技术开发区华工科技园 邮编:430223
录　　排:武汉市洪山区佳年华文印部
印　　刷:广东虎彩云印刷有限公司
开　　本:787mm×1092mm 1/16
印　　张:6
字　　数:155 千字
版　　次:2023 年 7 月第 1 版第 4 次印刷
定　　价:15.00 元

前　　言

在现代制造技术迅猛发展的今天,机床夹具无论在传统机床上还是在数控机床、加工中心上,仍是不可或缺的重要工艺装备。通过机床夹具设计,不仅可以培养学生综合运用已学知识的能力,而且可以使学生得到工程设计的初步训练,使学生的各种能力得到进一步提高。

机械制造技术基础课程设计是大中专院校机械制造专业学生在学习了"机械制造技术基础"或同类课程(含机床夹具设计的内容)及其他一些相关的专业课程之后,安排进行的一项实践性教学环节。因此,在教学阶段,为师生提供一本实用的指导书和参考资料是十分必要的。本书就是为指导机械制造及自动化等专业的学生进行机械制造技术基础课程设计(或机床夹具课程设计)而编写的。

本书主要内容包括机械制造技术基础课程设计指导、机床夹具设计的基本资料和机床夹具零件及部件常用标准。本书内容丰富、资料可靠,包含机床夹具设计中一些最常用的基本资料和机床夹具零部件的常用标准,实用性强、简明扼要,并配有一些典型示例和夹具装配图示例,可供课程设计时参考。

本书可作为普通高等学校大学本科、高职高专和中等专业学校机械制造专业学生机床夹具设计的教学参考书,也可供有关工程技术人员参考。

本书由上海理工大学冯鹤敏编写。在编写过程中,编者参考了许多专家、学者的著作和相关文献资料,谨此表示衷心的感谢!同时,对为本书编写及出版给予热情支持与帮助的各位领导和同事表示诚挚的谢意!

由于编者水平有限,书中难免存在错误和不足之处,敬请广大读者批评指正。

编　者
2013 年 11 月

目　录

第1章 机械制造技术基础课程设计指导书

1.1 课程设计的目的和要求

机械制造技术基础课程设计是学生在学习了"机械制造技术基础"或同类课程（含机床夹具设计的内容）及其他一些相关的专业课程之后，安排进行的一项实践性教学环节。

在现代制造技术迅猛发展的今天，机床夹具无论在普通机床上还是在数控机床、加工中心上，仍是不可或缺的重要工艺装备。通过机床夹具设计，不仅可以培养学生综合运用已学知识的能力，而且可以使学生得到工程设计的初步训练。学生通过本课程设计要达到如下要求。

（1）综合运用已学过的机床夹具设计及有关课程的理论知识以及生产实习中所获得的实际知识，根据被加工零件的要求，设计既经济合理又能保证加工质量的夹具。

（2）培养结构设计能力，掌握结构设计的方法和步骤。

（3）学会使用各种手册与图册、设计表格与规范等各种标准技术资料，能够做到熟练运用。

（4）能熟练运用机械制造技术基础课程中的基本理论，正确地解决一个零件在加工中加工基准的选择，定位与夹紧，加工方法选择以及合理安排工艺路线的问题，保证零件的加工质量。

（5）进一步培养机械制图、分析计算、结构设计、编写技术文件等基本技能。

1.2 课程设计的任务和内容

针对课程设计任务书所指定的零件，设计指定工序所需的机床专用夹具及拟订夹具非标零件的机械加工工艺过程。需完成的任务如下。

（1）设计专用夹具，绘制夹具装配总图和非标零件图。

（2）拟订夹具非标零件的机械加工工艺过程。

（3）编写课程设计说明书。

按教学计划规定，课程设计时间为 2 周，其进度及时间大致分配如表 1-1 所示。

表 1-1 课程设计内容及时间

课程设计内容	时间
熟悉指定零件及机械加工工艺过程，准备资料、手册等，了解并掌握设计内容和步骤	1 天
思考和拟订夹具的结构方案，进行分析比较	1 天
绘制结构草图	1.5 天
确定最终设计方案，绘制夹具总图	1.5 天
确定并标注有关尺寸和技术要求	1 天
绘制部分非标零件图	1 天
拟订夹具部分非标零件的机械加工工艺过程	1 天
撰写设计说明书	1 天
答辩	1 天

1.3　夹具设计的步骤和方法

在专用夹具的设计过程中,必须充分收集设计资料,明确设计任务,优选设计方案。整个过程大体分以下几个阶段进行。

1.3.1　设计准备

这一阶段主要是收集原始资料,并根据设计任务对资料进行分析,其内容包括如下四部分。

(1) 研究被加工的零件,明确夹具设计任务　包括分析零件在整个产品中的作用,零件本身的形状与结构特点,选用材料,技术要求和毛坯的获得方法。

(2) 分析零件的加工工艺过程　了解工艺特征和生产类型,特别关注零件进入本工序时的状态,包括尺寸、几何精度、材质、加工余量、加工要求、定位基准、夹紧表面等。

(3) 了解所使用的机床的性能、规格和运动情况　特别要掌握与所设计夹具连接部分的结构和联系尺寸。

(4) 收集有关设计资料　包括机械零件、夹具等的国家标准、部颁标准、机床夹具设计手册和机床夹具图册,还可收集一些同类夹具的设计图样。

1.3.2　总体设计

夹具总体设计阶段的工作包括:拟订夹具结构方案,绘制夹具结构草图;进行必要的分析计算;审查方案与改进设计;绘制夹具总装配图。具体分以下几个步骤。

1) 拟订夹具结构方案,绘制夹具结构草图

夹具结构草图的绘制是夹具设计的一个重要环节,由草图入手进行方案设计、分析计算、结构设计等。

(1) 确定工件的定位方案,设计定位装置　在确定定位方案时,要从分析工序图、保证加工要求出发,按工件的基本定位原理,对不同的方案进行分析对比,从中确定结构简单可行、经济合理的方案。

(2) 确定工件的夹紧方案,设计夹紧装置　设计时,要特别注意夹紧力的方向、作用点的选择。

(3) 确定其他装置及元件的结构形式　如对刀装置、导向装置、分度装置等。

(4) 确定夹具体的结构形式及夹具与机床的连接方式　设计夹具体时,应保证夹具体具有足够的整体刚度和强度,同时还要尽量使其结构简单、重量轻。多数情况下夹具体采用铸件,应使夹具体壁厚均匀,局部设加强肋,并确定整个夹具在机床上的安装方式。

2) 进行必要的分析计算

工件的加工精度较高时,应进行工件加工精度分析。对有动力装置的夹具,需计算夹紧力。当有几种夹具方案时,可进行经济分析,选用经济效益较高的方案。

3) 审查方案与改进设计

夹具草图画出后,将其交指导教师审阅。根据指导教师的意见对夹具方案作进一步修改。夹具草图经指导教师审阅同意后,方可进行夹具总装配图的绘制。

4) 绘制夹具总装配图

夹具的总装配图(简称总图)应按国家制图标准绘制。绘图比例尽量采用1:1。主视图一

一般按夹具面对操作者的方向绘制。总图应把夹具的工作原理、各种装置的结构及其相互关系表达清楚。夹具总图的绘制步骤如下。

（1）用双点画线将工件的外形轮廓、定位基面、夹紧表面及加工表面绘制在各个视图的相应位置上。在总图中，工件视作透明体，不遮挡后面的线条。

（2）依次绘出定位装置、夹紧装置、其他装置及夹具体。

（3）标注必要的尺寸、公差和技术要求。

① 夹具总图应标注的尺寸如下。

a. 夹具外形轮廓尺寸　主要标注夹具的最大外形轮廓尺寸。如果夹具结构中有运动部分时，应标注运动部分处在各极限位置时在空间所占的尺寸。

b. 工件定位基准与定位元件间的尺寸关系或配合。

c. 夹具与刀具的联系尺寸　主要标出对刀元件与定位元件间的位置尺寸；引导元件（如钻套、镗套等）与定位元件间的位置尺寸；引导元件与刀具导向部分的配合尺寸等。

d. 夹具与机床连接部分尺寸　对于铣床夹具、刨床夹具、镗床夹具，应标注定位键与工作台 T 形槽的配合尺寸；对于车床、内外圆磨床夹具，应标注夹具体与机床曲轴的配合尺寸。

e. 其他重要尺寸和装配尺寸　一般机械设计中应标注的尺寸和公差，包括夹具内部元件之间的全部配合尺寸，以及某些元件在夹具装配后需要保持的相关尺寸。

② 夹具总图上尺寸公差与配合的选择如下。

a. 直接影响工件加工精度的夹具公差一般取工件相应加工尺寸公差的 $1/2 \sim 1/5$，常用的比值是 $1/2 \sim 1/3$，工件产量大、精度低时，取较小值。工件加工尺寸为未注公差时，其公差视为 IT14～IT12，夹具上相应尺寸公差按 IT11～IT9 标注。

b. 与工件尺寸有关的夹具尺寸公差，不论工件尺寸的公差是单向分布还是双向分布，均以工件尺寸的公差带中心为计算公称尺寸的依据，取对称分布的双向偏差。

c. 夹具上的角度公差，按工件上相应公差的 $1/2 \sim 1/3$ 选取，未注公差的角度一般取 $\pm 10'$，要求严格的取 $\pm 5' \sim \pm 1'$。

d. 夹具上其他重要尺寸的公差与配合，可参照机床夹具设计手册选取。

（4）夹具的技术要求。

夹具总图上无法用符号标注而又必须说明的问题，可作为技术要求用文字写在总图偏下方的空白处。主要说明以下问题。

① 夹具的操作说明。

② 夹具装配后要达到的一些位置要求，如等高性、平行度、垂直度等。

③ 夹具装配后要求达到的一些性能，如移动或转动部件要求运动灵活等。

④ 夹具上调整环节的调整方法及调整达到的要求等，如可调支承、配磨件等在装配时如何达到相应要求。

⑤ 其他。如夹具装饰漆颜色、未设置吊装件时的吊装部位、润滑要求、存放要求等。

（5）编制夹具明细表及标题栏。

1.3.3　零件设计

夹具中的非标准零件要分别绘制零件图。零件图要表达出实际零件的全部结构，并标注出全部尺寸、表面粗糙度、尺寸和几何公差、材料、热处理和技术要求等。

1.4　拟订夹具非标零件的机械加工工艺路线

在对零件进行分析的基础上,才能制订其机械加工工艺路线。对于比较复杂的零件,可以先考虑几个加工方案,分析比较后,再从中选择比较合理的加工方案。制订工艺路线的出发点,应当是零件的尺寸精度、几何精度、表面粗糙度能够妥善地得到保证,在生产纲领为单件生产的条件下,可考虑采用万能机床,配以通用工装,并尽量使工序集中来提高生产率,除此以外,还应当考虑经济效益,以便使生产成本尽量降低。

学生应当拟订出工艺方案 No.1、工艺方案 No.2 以及工艺方案 No.3,从零件加工的质量、生产率及经济性三个方面,对几个工艺方案进行论证,最后确定其中一个最佳方案。

工艺路线的主工序确定后,再将辅助工序插入。

在草稿纸上拟订出几个工艺路线方案,经指导老师修改认可后,编写在课程设计说明书中。其格式如表 1-2 所示。

表 1-2　工艺路线方案的格式

工序号	工序名称	安装	工序内容	机床设备

1.5　编写课程设计说明书

课程设计说明书是课程设计的总结性文件。学生通过编写课程设计说明书,提高叙述、分析和总结能力。

课程设计说明书应概括介绍课程设计的全貌,全面叙述整个设计的内容,论证设计的合理性,包括方案的比较、数据的来源和分析、夹具结构的介绍、分析计算的数据和结果等内容。

课程设计说明书应力求系统全面、条理清楚、文字通顺。说明书用小四号宋体字书写并打印、装订好。

打印要求:用 A4 纸单面打印;页面设置为上 2.5 mm、下 2.5 mm、左 2.5 mm、右 2 mm,页眉 1.5 mm、页脚 1.75 mm;行距为固定值 20 磅。

课程设计说明书的内容提要如下。

(1) 概述。

(2) 被加工零件的结构特点及指定工序的加工要求。

(3) 结构特点的论述。

(4) 研究工艺过程,分析该工序所加工的部位、加工要求、定位夹紧部分与前后工序的关系等。

(5) 设计方案的讨论。

(6) 夹具结构特点的论述。

(7) 夹紧力的估算,定位误差的计算。

(8) 夹具的主要技术条件及优缺点的分析。

（9）夹具主要零件技术条件的分析。

（10）编写夹具非标零件的加工工艺规程。

（11）主要参考资料。

1.6　答　　辩

学生应在完成全部设计任务，并经指导老师审核签字后，按规定的日期进行答辩。答辩时应在规定时间内简要介绍设计内容，然后回答教师提出的问题。

第 2 章　机床夹具设计的基本资料

2.1　机床夹具的公差配合与技术要求

2.1.1　夹具总装配图上应标注的尺寸和技术要求(表 2-1)

表 2-1　夹具总装配图上应标注的尺寸和技术要求

夹具类型	应标注的主要尺寸	应标注的技术要求
钻床夹具	(1) 夹具的外形轮廓尺寸:长×宽×高; (2) 钻套孔与刀具的配合尺寸; (3) 钻套轴心线间的位置尺寸及其公差; (4) 钻套轴心线与定位表面(或轴线)间的位置尺寸及其公差; (5) 工件定位基面与定位件工作面的配合尺寸; (6) 各定位件间的位置尺寸及其公差; (7) 斜孔钻模中的斜孔钻套轴心线与定位面间的位置尺寸以及与夹具安装面之间的角度	(1) 钻套轴心线对夹具安装基面的垂直度或平行度; (2) 定位表面对夹具安装基面的垂直度或平行度; (3) 钻套轴心线之间的平行度或垂直度; (4) 同轴线的孔(或外圆)其轴线的同轴度; (5) 翻转式钻模中各个底面之间的相互位置度; (6) 盖板式钻模中的定位面对支承面之间的相互位置度
铣(刨)床夹具	(1) 夹具的外形轮廓尺寸:长×宽×高; (2) 对刀块的对刀表面与夹具定位表面(或轴线)间的位置尺寸及其公差,对刀塞尺的尺寸; (3) 各定位件间的位置尺寸及其公差; (4) 夹具本体底面定位键与工作台 T 形槽的配合尺寸; (5) 工件定位基面与定位件工作面的配合尺寸; (6) 使用或调整时供参考的必要尺寸(如使用范围或工作行程的参考尺寸等)	(1) 定位表面对夹具安装基面的垂直度或平行度; (2) 定位表面对找正基面或定位侧面的相对位置度; (3) 对刀装置的工作面对夹具安装面的相对位置度
车床夹具	(1) 夹具的外形轮廓尺寸:长×宽×高; (2) 各定位件间的位置尺寸及其公差; (3) 工件定位基面与定位件工作面的配合尺寸; (4) 夹具与机床主轴端配合部分的尺寸或莫氏锥体号码; (5) 夹具上的测量基准面与定位面之间的位置尺寸及其公差	(1) 定位件工作面对夹具安装基面(或轴线)的垂直度、平行度、径向圆跳动及位置度; (2) 定位表面对找正面的跳动量; (3) 与安装配合有关的使用说明

2.1.2　夹具的公差配合

1. 夹具的尺寸公差（表 2-2）

表 2-2　按工件公差的比例选取夹具公差

夹 具 类 型	工件被加工尺寸的公差/mm				
	0.03～0.10	0.10～0.20	0.20～0.30	0.30～0.50	未注公差
车、刨、插等夹具	$\dfrac{1}{4}$	$\dfrac{1}{4}$	$\dfrac{1}{5}$	$\dfrac{1}{5}$	≤±0.10
钻、铣等夹具	$\dfrac{1}{3}$	$\dfrac{1}{3}$	$\dfrac{1}{4}$	$\dfrac{1}{4}$	≤±0.10

2. 夹具的几何公差

夹具各工作表面之间的几何公差要求，一般取工件相应几何公差的 $\left(\dfrac{1}{2}\sim\dfrac{1}{3}\right)$。当工件无明确要求时，夹具元件的形状精度取 0.03～0.05 mm，相互位置精度取 0.02～0.05 mm/100 mm。

3. 夹具的角度公差（表 2-3）

表 2-3　按工件角度公差选取夹具相应角度公差

工件加工尺寸角度公差	夹具相应角度公差	工件加工尺寸角度公差	夹具相应角度公差
0°0′50″～0°1′30″	30″	0°10′～0°15′	5′
0°1′30″～0°2′30″	1′	0°15′～0°20′	8′
0°2′30″～0°3′30″	1′30″	0°20′～0°25′	10′
0°3′30″～0°4′30″	2′	0°25′～0°35′	12′
0°4′30″～0°6′	2′30″	0°35′～0°50′	15′
0°6′～0°8′	3′	0°50′～1°	20′
0°8′～0°10′	4′	未注角度公差	±10′

4. 夹具上常用配合的选择（表 2-4）

表 2-4　夹具上常用配合的选择

配合件的工作形式	精 度 要 求		示　　例
	一般精度	较高精度	
定位元件与工件定位基准间	$\dfrac{H7}{h6},\dfrac{H7}{g6},\dfrac{H7}{f7}$	$\dfrac{H6}{h5},\dfrac{H6}{g5},\dfrac{H6}{f5}$	定位销与工件基准孔
有引导作用，但有相对运动的元件间	$\dfrac{H7}{h6},\dfrac{H7}{g6},\dfrac{H7}{f7}$ $\dfrac{H7}{h6},\dfrac{G7}{h6},\dfrac{F7}{h6}$	$\dfrac{H6}{h5},\dfrac{H6}{g5},\dfrac{H6}{f5}$ $\dfrac{H6}{h5},\dfrac{G6}{h5},\dfrac{F6}{h5}$	滑动定位件，刀具与导套
无引导作用，但有相对运动的元件间	$\dfrac{H7}{f9},\dfrac{H9}{d9}$	$\dfrac{H7}{d8}$	滑动夹具底座板

配合件的工作形式		精 度 要 求		示　　例
		一般精度	较高精度	
没有相对运动的元件间	无紧固件	$\dfrac{H7}{n6}, \dfrac{H7}{p6}, \dfrac{H7}{r6}, \dfrac{H7}{s6}$		固定支承钉 固定定位销
	有紧固件	$\dfrac{H7}{m6}, \dfrac{H7}{k6}, \dfrac{H7}{js6}$		

5. 夹具组件配合的选择图例（表 2-5）

表 2-5　夹具上常用配合

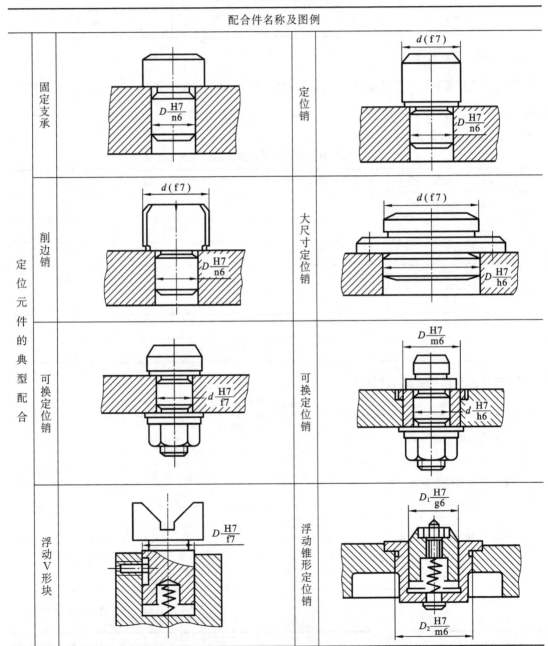

配合件名称及图例

配合件名称及图例

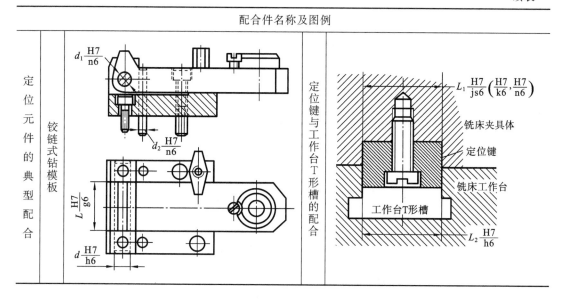

2.1.3　夹具的技术要求(表 2-6)

表 2-6　夹具技术要求参考数值

技　术　要　求	参考值/mm
同一平面上的支承钉或支承板的等高公差	≤0.02
定位元件工作表面对定位键槽侧面的平行度或垂直度	≤0.02/100
定位元件工作表面对夹具体底面的平行度或垂直度	≤0.02/100
钻套轴线对夹具体底面的垂直度	≤0.05/100
对刀块工作表面对定位元件工作表面的平行度或垂直度	≤0.03/100
对刀块工作表面对定位键槽侧面的平行度或垂直度	≤0.03/100
车、磨夹具的找正基面对其回转中心的圆跳动	≤0.02

2.2　夹具零件的技术要求

2.2.1　夹具零件的尺寸公差和几何公差(表 2-7)

表 2-7　夹具零件的尺寸公差和几何公差

夹具零件的技术要求	公　差　值
相应于工件无尺寸公差的直线尺寸	±0.1 mm
相应于工件无角度公差的角度	±10′
相应于工件有尺寸公差的直线尺寸	(1/2～1/5)工件尺寸公差
紧固件用的孔中心距公差	±0.10 mm($L<150$ mm)， ±0.15 mm($L>150$ mm)

夹具零件的技术要求	公　差　值
夹具体上找正基面与安装元件的平面间的垂直度	≤0.01 mm
找正基面的直线度与平面度	0.005 mm
夹具体、模板、立柱、角铁、定位心轴等零件的平面之间、平面与孔、孔与孔之间的平行度、垂直度、同轴度	取工件相应公差的 1/2

2.2.2　夹具主要零件常用的材料及热处理(表 2-8)

表 2-8　夹具主要零件常用的材料及热处理

零件种类	零件名称	材料	热处理要求
壳体零件	夹具的壳体及形状复杂的壳体	HT200	时效
	焊接壳体	Q235	时效
	花盘和车床夹具壳体	HT300	时效
定位零件	定位心轴	T8A(D≤35 mm)	淬火 55～60 HRC
		45 钢(D>35 mm)	淬火 43～48 HRC
夹紧零件	斜楔	20 钢	渗碳、淬火、回火 54～60 HRC,渗碳深度 0.8～1.2 mm
	各种形状的压板	45 钢	淬火、回火 40～45 HRC
	卡爪	20 钢	渗碳、淬火、回火 54～60 HRC,渗碳深度 0.8～1.2 mm
	钳口	20 钢	渗碳、淬火、回火 54～60 HRC,渗碳深度 0.8～1.2 mm
	台虎钳丝杆	45 钢	淬火 35～40 HRC
	弹簧夹头心轴用螺母	45 钢	调质 225～255 HBW
	弹簧夹头	65Mn	夹料部分淬火 56～61 HRC,弹性部分淬火 43～48 HRC
其他零件	活动零件用导板	45 钢	淬火 35～40 HRC
	分度盘	20 钢	渗碳、淬火、回火 54～60 HRC,渗碳深度 0.8～1.2 mm

2.2.3　夹具零件主要表面的轮廓粗糙度要求

夹具定位元件工作表面的精度和粗糙度(表 2-9)应比工件定位基准表面的精度和粗糙度高 1～3 级。

表 2-9　夹具零件主要表面的精度和粗糙度

表面形状	表面名称		精度等级	表面粗糙度 $Ra/\mu m$		举　　例
				外圆或外侧面	内孔或内侧面	
平面	有相对运动的配合表面	一般平面	7	0.4(0.5,0.63)		T形槽
			8、9	0.8(1.0,0.25)		活动V形块、叉形偏心轮、铰链两侧面
			11	1.6(2.0,2.5)		叉头零件
		特殊配合	精确	0.4(0.5,0.63)		燕尾导轨
			一般	1.6(2.0,2.5)		燕尾导轨
	无相对运动的表面		8、9	0.8(1.0,0.25)	1.6(2.0,2.5)	定位两侧面
			特殊配合	0.8(1.0,0.25)	1.6(2.0,2.5)	键两侧面
	有相对运动的导轨面		精确	0.4(0.5,0.63)		导轨面
			一般	1.6(2.0,2.5)		导轨面
	无相对运动的配合表面	夹具体基面	精确	0.4(0.5,0.63)		夹具安装面
			中等	0.8(1.0,0.25)		夹具安装面
			一般	1.6(2.0,2.5)		夹具安装面
		安装夹具零件的基面	精确	0.4(0.5,0.63)		安装元件的表面
			中等	1.6(2.0,2.5)		安装元件的表面
			一般	3.2(4.0,5.0)		安装元件的表面
圆柱面	有相对运动的配合表面		6	0.2(0.25,0.32)		快换钻套、手动定位面
			7	0.2(0.25,0.32)	0.4(0.5,0.63)	导向销
			8、9	0.4(0.5,0.63)		衬套定位销
			11	1.6(2.0,2.5)	3.2(4.0,5.0)	转动轴颈
	无相对运动的配合表面		7	0.4(0.5,0.63)	0.8(1.0,0.25)	圆柱销
			8、9	0.8(1.0,0.25)	1.6(2.0,2.5)	手柄
			未注公差	3.2(4.0,5.0)		活动手柄、压板

2.3　各类机床与夹具的连接方式

2.3.1　车床与夹具的连接方式（表 2-10）

表 2-10　车床与夹具连接的基本形式

序号	基本形式简图	简要说明
1	莫氏锥度　　2　　1	夹具体 1 以长锥体尾柄装在机床主轴 2 的锥孔内。此种连接方式装拆方便，但刚度较差，适用于小型夹具
2	2　　1　　D　　M	夹具体 1 以端面及短圆孔在机床主轴 2 上定位，依靠螺纹进行紧固。此种连接方式易于制造，但定心精度较低
3	2　　1	夹具体 1 由短锥及端面在机床主轴 2 上定位，另用螺钉进行紧固。此种连接方式定心精度高，连接刚度也较好，但制造比较困难
4	2　　3　　1　　K	一般车床专用夹具大多使用此种连接方式。 夹具体 1 通过过渡盘 3 安装在机床主轴 2 上，夹具上通常设有校正基面 K，以提高夹具的安装精度

2.3.2 普通车床主轴的结构尺寸（表 2-11）

表 2-11 普通车床主轴的结构尺寸

序号	车床型号	主轴结构尺寸简图
1	C620-1 C620-1B C620-3	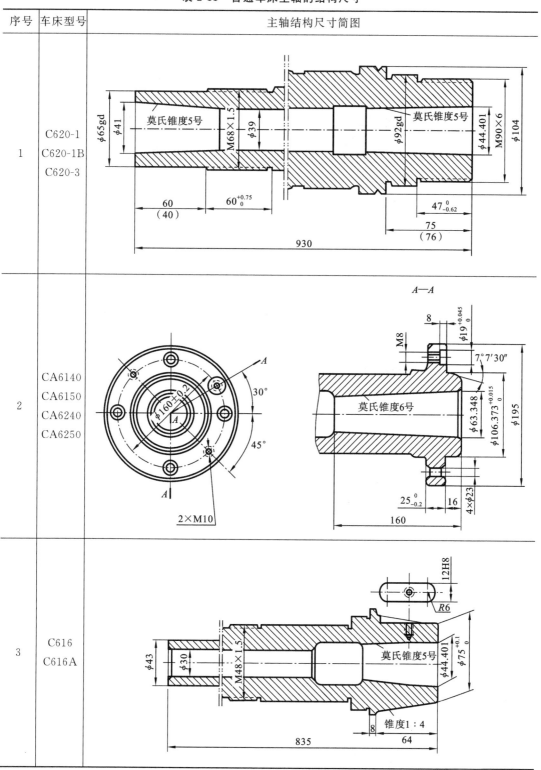
2	CA6140 CA6150 CA6240 CA6250	
3	C616 C616A	

2.3.3 铣(刨)床与夹具的连接方式

如图 2-1 所示,夹具通过安装在夹具体 1 底面纵向槽中的两个定位键 2 与机床工作台 T 形槽配合,使用 T 形螺钉 5、垫圈和螺母将夹具紧固在机床工作台 4 上,定位键 2 用螺钉 3 固定在夹具体 1 上。

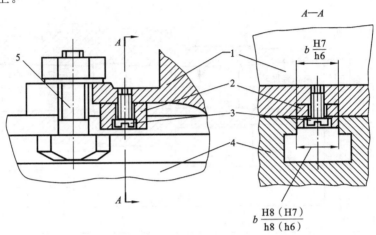

图 2-1 铣床与夹具的连接

设计铣床夹具与机床连接部分结构时,应先查出该机床工作台 T 形槽的宽度尺寸,再选择定位键和设计带 U 形槽的耳座。

2.3.4 卧式、立式铣床工作台尺寸和夹具体上的耳座(表 2-12 至表 2-14)

表 2-12 卧式铣床工作台尺寸 （单位:mm）

机床型号	L	L_1	E	B	N	t	m	m_1	m_2	a	b	f	e	T形槽数量
X60	870	710	85	200	140	45	10	30	40	14	25	11	14	3
680M[①]	750	610	70	225	150	50	15	30	30	14	25	11	14	3
X6030	1120	900	—	300	222	60		40	40	14	24	11	16	3
X60W	870	710	85	200	140	45	10	30	40	14	23	11	12	3
X61	1120	940	90	260	185	50	10	48	50	14	24	11	14	3
X61W	1120	1000	90	260	185	50	10	50	53	14	24	11	14	3

续表

机床型号	L	L_1	E	B	N	t	m	m_1	m_2	a	b	f	e	T形槽数量
X62	1325	1125	70	320	225	70	16	50	25	18	30	14	18	3
X62W	1325	1120	70	320	220	70	15	50	25	18	30	14	18	3
X63	1600	1385	115	400	290	90	15	30	40	18	30	14	18	3
X63W	1600	1385	115	400	290	90	15	30	40	18	30	14	18	3
6H82Γ[①]	1325	1130	120	320	225	70	17	25	45	18	30	14	18	3
6H82[①]	1325	1130	120	320	225	70	17	25	45	18	30	14	18	3
6H83Γ[①]	1700	1480	120	400	280	90	15	30	50	18	30	14	18	3
6H83	1700	1480	120	400	280	90	15	30	50	18	30	14	18	3

注：①为机床旧型号。

表 2-13　立式铣床工作台尺寸　　　　　　　　　　（单位：mm）

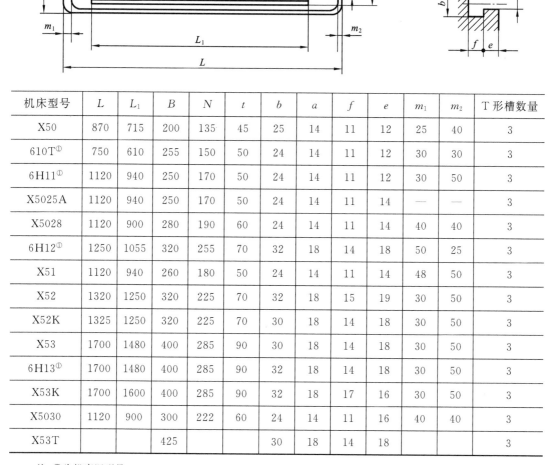

机床型号	L	L_1	B	N	t	b	a	f	e	m_1	m_2	T形槽数量
X50	870	715	200	135	45	25	14	11	12	25	40	3
610T[①]	750	610	255	150	50	24	14	11	12	30	30	3
6H11[①]	1120	940	250	170	50	24	14	11	12	30	50	3
X5025A	1120	940	250	170	50	24	14	11	14	—	—	3
X5028	1120	900	280	190	60	24	14	11	14	40	40	3
6H12[①]	1250	1055	320	255	70	32	18	14	18	50	25	3
X51	1120	940	260	180	50	24	14	11	14	48	50	3
X52	1320	1250	320	225	70	32	18	15	19	30	50	3
X52K	1325	1250	320	225	70	30	18	14	18	30	50	3
X53	1700	1480	400	285	90	30	18	14	18	30	50	3
6H13[①]	1700	1480	400	285	90	32	18	14	18	30	50	3
X53K	1700	1600	400	285	90	32	18	17	16	30	50	3
X5030	1120	900	300	222	60	24	14	11	16	40	40	3
X53T			425			30	18	14	18			3

注：①为机床旧型号。

表 2-14　夹具体上的耳座　　　　　　　　　　　（单位：mm）

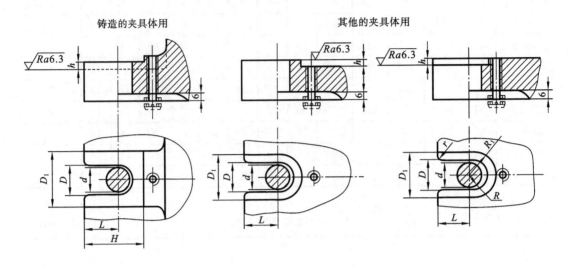

螺栓直径 d	D	D_1	h,不小于	L	H	r	螺栓直径 d	D	D_1	h,不小于	L	H	r
8	10	20		16	28		18	20	40		26	50	
10	12	24	3	18	32	1.5	20	22	44	5	—	—	2
12	14	30		20	36		24	28	50		—	—	
16	18	38	5	25	46	2	30	36	62	6	—	—	3

2.3.5　钻床与夹具的连接方式

可在夹具体底边上，根据机床工作台 T 形槽的宽度尺寸，设计带 U 形槽的耳座，也可以在夹具体底座上设计出能放置压板的凸缘，再分别用 T 形螺钉和螺钉压板将夹具紧固在机床工作台上。

第3章　机床夹具零件及部件常用标准及规范[*]

3.1　夹具常用紧固件与连接件

3.1.1　活节螺栓(表 3-1)

表 3-1　活节螺栓(摘自 GB/T 798—1988)　　　　　　　　　(单位:mm)

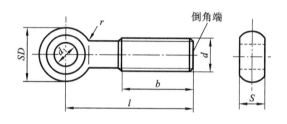

标记示例:

螺纹规格 $d=$ M10、公称长度 $l=100$ mm、性能等级为 4.6 级、不经表面处理的活节螺栓的标记为

螺栓 GB/T 798—1988 M10×100

螺纹规格 d		M4	M5	M6	M8	M10	M12	M16	M20	M24	M30	M36
d_1	公称	3	4	5	6	8	10	12	16	20	25	30
	min	3.060	4.070	5.070	6.070	8.080	10.080	12.095	16.095	20.110	25.110	30.110
	max	3.160	4.190	5.190	6.190	8.230	10.230	12.275	16.275	20.320	25.320	30.320
S	公称	5	6	8	10	12	14	18	22	26	34	40
	min	4.75	5.75	7.70	9.70	11.635	13.635	17.635	21.56	25.56	33.5	39.48
	max	4.93	5.93	7.92	9.92	11.905	13.905	17.905	21.89	25.89	33.88	39.87
b		14	16	18	22	26	30	38	52	60	72	84
SD		8	10	12	14	18	20	28	34	42	52	64
r(min)		3	4	5	5	6	8	10	12	16	29	22
商品规格 l		20~35	25~40	30~55	35~70	40~110	50~130	60~160	70~180	90~260	110~300	130~300
l 系列		20,25,30,35,40,45,50,(55),60,(65),70,80,90,100,110,120,130,140,150,160,180,200,220,240,260,280,300										

技术条件	材料	螺纹公差	性能等级	表面处理		产品等级
	钢	8g	4.5,5.6	不经处理;镀锌钝化		C

注:尽可能不采用括号内规格。

---

* 本节插图引自标准文件,表面粗糙度注法已按 GB/T 131—2006 更新。

3.1.2 垫圈(表 3-2、表 3-3)

表 3-2 球面垫圈(摘自 GB/T 849—1988)　　　　(单位:mm)

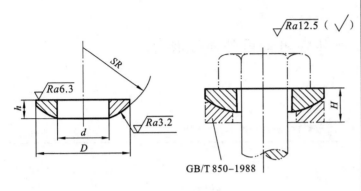

标记示例:

规格为 8 mm 的球面垫圈标记为

垫圈 8 GB/T 849—1988

技术条件:

(1) 材料:45 钢,按 GB/T 699 的规定;

(2) 热处理:40~48 HRC;

(3) 垫圈应进行表面氧化处理;

(4) 其他技术条件按 JB/T 8044 的规定。

规格	d		D		h		SR	$H\approx$
(螺纹大径)	max	min	max	min	max	min		
8	8.6	8.40	17.00	16.57	4.00	3.70	12	5
10	10.74	10.50	21.00	20.48	4.00	3.70	16	6
12	13.24	13.00	24.00	23.48	5.00	4.70	20	7
16	17.24	17.00	30.00	29.48	6.00	5.70	25	8
20	21.28	21.00	37.00	35.38	6.60	6.24	32	10
24	25.28	25.00	44.00	43.38	9.60	9.24	36	13
30	31.34	31.00	56.00	55.26	9.80	9.44	40	16

表 3-3 锥面垫圈(摘自 GB/T 850—1988)　　　　(单位:mm)

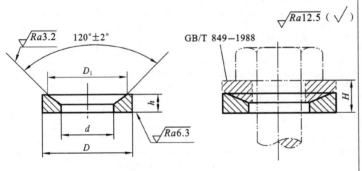

标记示例:

公称直径＝8 mm 的锥面垫圈标记为

垫圈 8 GB/T 850—1988

技术条件:

(1) 材料:45 钢,按 GB/T 699 的规定;

(2) 热处理:40~48 HRC;

(3) 垫圈应进行表面氧化处理。

续表

规格 （螺纹大径）	d		D		h		D_1	$H\approx$
	max	min	max	min	max	min		
8	10.36	10	17	16.57	3.2	2.90	16	5
10	12.93	12.5	21	29.48	4	3.70	18	6
12	16.43	16	24	23.48	4.7	4.40	23.5	7
16	20.52	20	30	29.48	5.1	4.80	29	8
20	25.52	25	37	36.48	6.6	6.24	34	10
24	30.52	30	44	43.48	6.8	6.44	38.5	13
30	36.62	36	56	55.26	8.9	9.54	45.2	16

3.1.3　开口销（表 3-4）

表 3-4　开口销（摘自 GB/T 91—2000）　　　　　　（单位：mm）

允许制造的形式

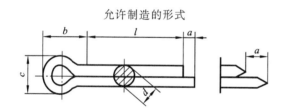

标记示例：

公称直径 $d=5$ mm、长度 $l=50$ mm、材料为低碳钢、不经表面处理的开口销的标记为

销 GB/T 91—2000　5×50

技术条件：

材料：低碳钢。

公称直径 d	0.6	0.8	1	1.2	1.6	2	2.5	3.2	4	5	6.3	8	10	13
a max		1.6				2.5		3.2		4.0			6.3	
c max	1.0	1.4	1.8	2	2.8	3.6	4.6	5.8	7.4	9.2	11.8	15.0	19.0	24.8
c min	0.9	1.2	1.6	1.7	2.4	3.2	4.0	5.1	6.5	8.0	10.3	13.1	16.6	21.7
$b\approx$	2	2.4	3	3	3.2	4	5	6.4	8	10	12.6	16	20	26
l（公称）	4~12	5~16	6~20	8~26	8~32	10~40	12~50	14~65	18~80	22~100	30~120	40~160	45~200	70~200
l（公称）的系列	6~32（2 进位），36~100（5 进位），100~200（20 进位）													

注：销孔的公称直径等于销的公称直径 d。

3.2　定　位　销

3.2.1　定位销及定位插销

1. 定位销（表 3-5、表 3-6、表 3-7）

表 3-5　固定式定位销（JB/T 8014.2—1999）　　　　　　　　　（单位：mm）

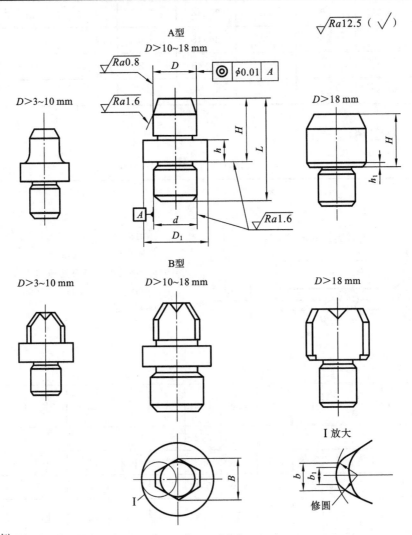

标记示例：

$D=15$ mm，公差带为 f7，$H=26$ mm 的 A 型固定式定位销标记为

定位销　A15f7×26　JB/T 8014.2—1999

技术条件：

(1) 材料：$D≤18$ mm，用 T8；$D>18$ mm，用 20 钢；

(2) 热处理：T8，55~60 HRC；20 钢，渗碳深度 0.8~1.2 mm，55~60 HRC；

(3) 其他技术条件按 JB/T 8044 的规定。

续表

D	H	d		D_1	L	h	h_1	B	b	b_1
		基本尺寸	极限偏差 r6							
>3～6	8	6	+0.023 +0.015	12	16	3	—	D-0.5	2	1
	14				22	7				
>6～8	10	8	+0.028 +0.019	14	20	3		D-1	3	2
	18				28	7				
>8～10	22	10		16	24	4				
	22				34	8				
>10～14	14	12		18	26	4		D-2	4	3
	24				36	9				
>14～18	16	15		22	30	5				
	26				40	10				
>18～20	12	12	+0.034 +0.023		26		1			
	18				32					
	28				42					
>20～24	14	15			30		2	D-3	5	
	22				38					
	32				48					
>24～30	16			—	36	—		D-4		
	25				45					
	34				54					
>30～40	18	18			42			D-5	6	4
	30				54					
	38		+0.041 +0.028		62		3			
>40～50	20	22			50				8	5
	35				65					
	45				75					

注:D 的公差带按设计要求决定。

表 3-6　小定位销(JB/T 8014.1—1999)　　　　　(单位:mm)

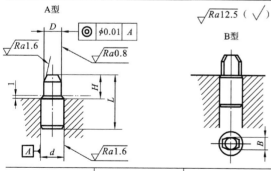

$\sqrt{Ra12.5}$ ($\sqrt{}$)

标记示例:

$D=2.5$ mm,公差带为 f7 的 A 型小定位销标记为

定位销　A2.5f7　JB/T 8014.1—1999

技术条件:

(1) 材料:T8;

(2) 热处理:55～60 HRC;

(3) 其他技术条件按 JB/T 8044 的规定。

D	H	d		L	B
		基本尺寸	极限偏差 r6		
1～2	4	3	+0.016 +0.010	10	D-0.3
>2～3	5	5	+0.023 +0.015	12	D-0.6

注:D 的公差带按设计要求决定。

表 3-7　可换定位销(JB/T 8014.3—1999)　　　　　　　　　　　　(单位:mm)

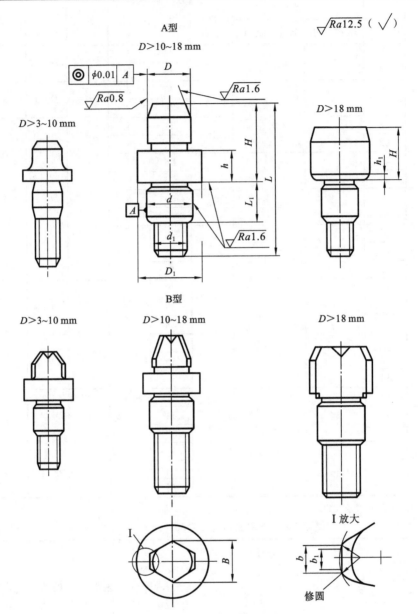

标记示例:

$D=16$ mm,公差带为 f7,$H=26$ mm 的 A 型可换定位销标记为

定位销　A15f7×26　JB/T 8014.3—1999

技术条件:

(1) 材料:$D \leqslant 18$ mm,用 T8;$D>18$ mm,用 20 钢;

(2) 热处理:T8,55~60 HRC;20 钢,渗碳深度 0.8~1.2 mm,55~60 HRC;

(3) 其他技术条件按 JB/T 8044 的规定。

续表

D	H	d 基本尺寸	d 极限偏差 h6	d_1	D_1	L	L_1	h	h_1	B	b	b_1	C	C_1	C_2
>3~6	8	6	0 −0.008	M5	12	26	8	3	—	D−0.5	2	1	2	0.4	0.8
	14					32		7							
>6~8	10	8	0 −0.009	M6	14	28	8	3		D−1	3	2	3	0.6	1
	18					36		7							
>8~10	12	10		M8	16	35	10	4							1.2
	22					45									
>10~14	14	12	0 −0.011	M10	18	40	12	8		D−2	4	3	4		1.5
	24					50		4							
>14~18	16	15		M12	22	46	14	9							1.8
	26					56		5							
>18~20	12	12		M10	—	40	12	10	1					1	1.5
	18					46									
	28					55									
>20~24	14	15		M12		45	14	—	2	D−3	5		5		
	22					53									
	32					63									
>24~30	16					50	16	—		D−4					1.8
	25					60									
	34					68									
>30~40	18	18	0 −0.013	M16		60	20	—	3	D−5	6	4	6	1.5	2
	30					72									
	38					80									
>40~50	20	22		M20		70	25	—			8	5			2.5
	35					85									
	45					95									

注:D 的公差带按设计要求决定。

2. 定位插销（表 3-8）

表 3-8　定位插销（JB/T 8015—1999）　　　　　　　　　（单位：mm）

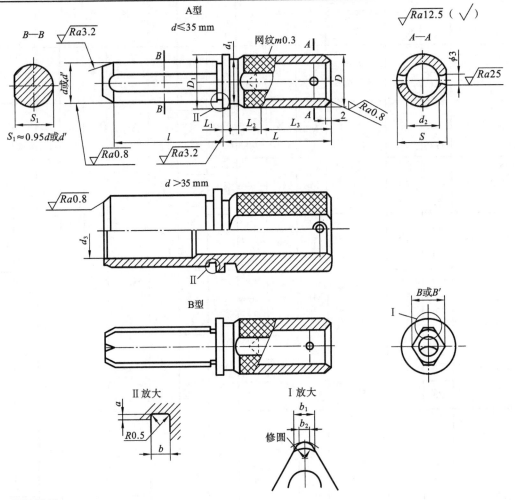

标记示例：

$d=10$ mm，$l=40$ mm 的 A 型定位插销标记为

定位插销　A10×40　JB/T 8015—1999

$d'=12.5$ mm，公差带为 h6，$l=50$ mm 的 A 型定位销标记为

定位插销　A12.5h6×50　JB/T 8015—1999

技术条件：

(1) 材料：$d \leqslant 10$ mm，用 T8；$d>10$ mm，用 20 钢；

(2) 热处理：T8，55～60 HRC；20 钢，渗碳深度 0.8～1.2 mm，50～60 HRC；

(3) 其他技术条件按 JB/T 8044 的规定。

基本尺寸		3	4	6	8	10	12	15	18	22	26	30	35	42	48	55	62	70	78
d	极限偏差 f7	−0.006 −0.016	−0.010 −0.022	−0.013 −0.028		−0.016 −0.034			−0.020 −0.041			−0.025 −0.050				−0.030 −0.060			
	d'	2～3	>3 ～4	>4 ～6	>6 ～8	>8 ～10	>10 ～12	>12 ～15	>15 ～18	>18 ～22	>22 ～26	>26 ～30	>30 ～35	>35 ～42	>42 ～48	>48 ～55	>55 ～62	>62 ～70	>70 ～78

续表

	3	4	6	8	10	12	15	18	22	26	30	35	42	48	55	62	70	78
基本尺寸	3	4	6	8	10	12	15	18	22	26	30	35	42	48	55	62	70	78
d 极限偏差 f7（上）	-0.006	-0.010	-0.010	-0.013	-0.013	-0.016	-0.016	-0.016	-0.020	-0.020	-0.020	-0.025	-0.025	-0.025	-0.030	-0.030	-0.030	-0.030
d 极限偏差 f7（下）	-0.016	-0.022	-0.022	-0.028	-0.028	-0.034	-0.034	-0.034	-0.041	-0.041	-0.041	-0.050	-0.050	-0.050	-0.060	-0.060	-0.060	-0.060
D（滚花前）	6	8	10	12	14	16	19	22	30	30	36	40	40	40	40	40	40	40
D_1	6	8	10	12	14	16	19	22	30	30	36	40	47	53	60	67	75	$d+5$ / $d'+5$
d_1	5	6	7	8	10	12	15	18	26	26	32	36	36	36	36	36	36	36
d_2	—	—	—	—	—	—	—	—	14	14	20	25	28	28	28	28	28	28
d_3	—	—	—	—	—	—	—	—	—	—	—	25	30	35	40	45	50	50
L	30	30	30	30	40	40	50	50	60	60	80	80	90	90	90	90	90	90
L_1	2	2	2	2	3	3	4	4	4	5	5	5	6	6	6	6	6	6
L_2	3	3	3	3	4	4	4	4	6	6	6	6	8	8	8	8	8	8
L_3	—	—	—	—	—	—	—	—	35	45	60	—	—	—	—	—	—	—
S	5	7	9	11	13	15	18	21	29	29	35	39	39	39	39	39	39	39
B	2.7	3.5	5.5	7	9	10	13	16	19	23	26	30	—	—	—	—	—	—
B'	$d'-0.3$	$d'-0.5$	$d'-0.5$	$d'-1$	$d'-1$	$d'-2$	$d'-2$	$d'-2$	$d'-3$	$d'-3$	$d'-4$	$d'-5$	—	—	—	—	—	—
a	0.25	0.25	0.25	0.25	0.5	0.5	0.5	0.5	0.5	0.5	0.5	1	1	1	1	1	1	1
b	2	2	2	2	2	2	2	2	2	2	2	3	3	3	4	4	4	4
b_1	1.5	1.5	2	2	3	3	4	4	4	5	5	5	—	—	—	—	—	—
b_2	1	1	1	1	2	2	2	2	3	3	3	3	—	—	—	—	—	—
C	1	1	2	2	3	3	4	4	5	5	5	5	6	6	7	7	7	7
C_1	0.6	0.6	0.6	0.6	1	1	1	1	1.5	1.5	1.5	1.5	2	2	2	2	2	2
	20	20	20	20														
	25	25	25	25														
	30	30	30	30														
	35	35	35	35	35	35												
	40	40	40	40	40	40	40											
	45	45	45	45	45	45												
				50	50	50	50	50	50	50								
				60	60	60	60	60	60	60	60	60						
					70	70	70	70	70	70	70	70	70					
						80	80	80	80	80	80	80	80					
							90	90	90	90	90	90	90	90				
							100	100	100	100	100	100	100	100	100			
								120	120	120	120	120	120	120	120			
									140	140	140	140	140	140	140	140		
										160	160	160	160	160	160	160	160	
									180	180	180	180	180	180	180	180	180	180
										200	200	200	200	200	200	200	200	200
										220	220	220	220	220	220	220	220	220
										250	250	250	250	250	250	250	250	250
											280	280	280	280	280	280	280	280
											320	320	320	320	320	320	320	320

注：d' 的公差带按设计要求决定。

3.2.2　定位键(表 3-9)

表 3-9　定位键(JB/T 8016—1999)　　　　　　　　　　　　　　(单位:mm)

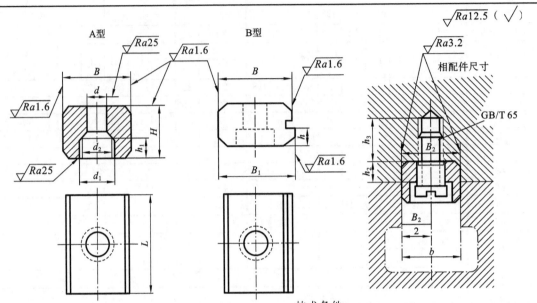

标记示例:

$B=28$ mm,公差带为 h6 的 A 型定位键标记为

定位键　A28h6　JB/T 8016—1999

技术条件:

(1) 材料:45 钢;

(2) 热处理:40~45 HRC;

(3) 其他技术条件按 JB/T 8044 的规定。

B			B_1	L	H	h	h_1	d	d_1	d_2	相　配　件							
											T 形槽宽度	B_2			h_2	h_3	螺钉 GB/T 65 —2000
基本尺寸	极限偏差 h6	极限偏差 h8									b	基本尺寸	极限偏差 H7	极限偏差 Js6			
8	0	0	8	14	8	3	3.4	3.4	6		8	8	+0.015 0	±0.0045	4	8	M3×10
10	−0.009	−0.022	10	16			4.6	4.5	8		10	10					M4×10
12			12	20			5.7	5.5	10		12	12	+0.018 0	±0.0055		10	M5×12
14	0	0	14								14	14					
16	−0.011	−0.027	16	25	10	4	6.8	6.6	11		(16)	16			5	13	M6×16
18			18								18	18					
20			20	32	12	5					(20)	20	+0.021 0	±0.0065	6		
22	0	0	22								22	22					
24	−0.013	−0.033	24	40	14	6	9	9	15		(24)	24			7	15	M8×20
28			28		16	7					28	28			8		
36	0	0	36	50	20	9	13	13.5	20	16	36	36	+0.025 0	±0.008	10	18	M12×25
42	−0.016	−0.039	42	60	24	10					42	42			12		M12×30
48			48	70	28	12					48	48			14		M16×35
54	0 −0.019	0 −0.046	54	80	32	14	17.5	17.5	26	18	54	54	+0.030 0	±0.0095	16	22	M16×40

注:尺寸 B_1 留磨量 0.5 mm 按机床 T 形槽宽度配作,公差带为 h6 或 h8;括弧内尺寸尽量不采用。

3.2.3　V 形块及导板(表 3-10 至表 3-13)

表 3-10　V 形块(JB/T 8018.1—1999)　　　　　(单位:mm)

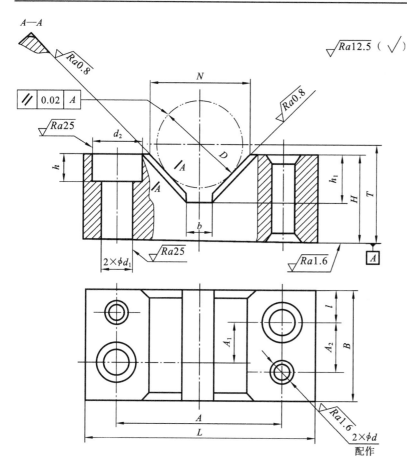

标记示例:

$N=24$ mm 的 V 形块标记为

V 形块　24　JB/T 8018.1—1999

技术条件:

(1) 材料:20 钢;

(2) 热处理:渗碳深度 0.8 ~ 1.2 mm,58 ~ 64 HRC;

(3) 其他技术条件按 JB/T 8044 的规定。

N	D	L	B	H	A	A_1	A_2	b	l	d 基本尺寸	d 极限偏差 H7	d_1	d_2	h	h_1
9	5~10	32	16	10	20	5	7	2	5.5	4		4.5	8	4	5
14	>10~15	38	20	12	26	6	9	4	7		+0.012 0	5.5	10	5	7
18	>15~20	46	25	16	32	9	12	6	8	5		6.6	11	6	9
24	>20~25	55		20	40			8							11
32	>25~35	70	32	25	50	12	15	12	10	6		9	15	8	14
42	>35~45	85	40	32	64	16	19	16	12	8	+0.015 0	11	18	10	18
55	>45~60	100		35	76			20							22
70	>60~80	125	50	42	96	20	25	30	15	10		13.5	20	12	25
85	>80~100	140		50	110			40							30

注:尺寸 T 按公式计算:$T=H+0.707D-0.5N$。

表 3-11　固定 V 形块(JB/T 8018.2—1999)　　　　　　　　　（单位：mm）

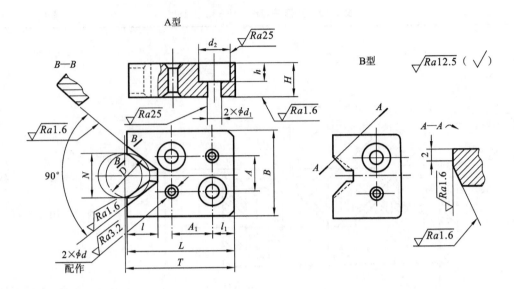

标记示例：

$N=24$ mm 的 A 型固定 V 形块标记为

V 形块　A24　JB/T 8018.2—1999

技术条件：

(1) 材料：20 钢；

(2) 热处理：渗碳深度 $0.8\sim1.2$ mm,$58\sim64$ HRC；

(3) 其他技术条件按 JB/T 8044 的规定。

N	D	B	H	L	l	l_1	A	A_1	d 基本尺寸	d 极限偏差 H7	d_1	d_2	h
9	5~10	22	10	32	5	6	10	13	4		4.5	8	4
14	>10~15	24	12	35	7	7		14	5	+0.012 0	5.5	10	5
18	>15~20	28	14	40	10	8	12				6.6	11	6
24	>20~25	34	16	45	12	10	15	15	6				
32	>25~35	42		55	16	12	20	18	8	+0.015 0	9	15	8
42	>35~45	52	20	68	20	14	26	22	10		11	18	10
55	>45~60	65		80	25	15	35	28					
70	>60~80	80	25	90	32	18	45	35	12	+0.018 0	13.5	20	12

注：尺寸 T 按公式计算：$T=L+0.707D-0.5N$。

表 3-12 活动 V 形块(JB/T 8018.4—1999) （单位:mm）

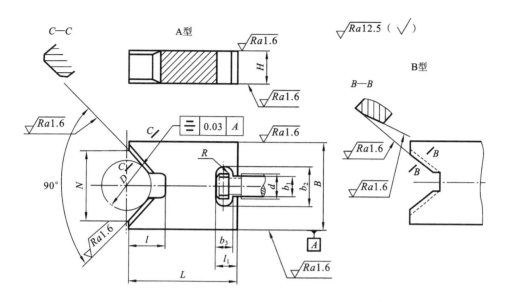

标记示例：

$N=42$ mm 的 A 型活动 V 形块标记为

V 形块 A42 JB/T 8018.4—1999

技术条件：

(1) 材料:20 钢；

(2) 热处理:渗碳深度 0.8～1.2 mm,58～64 HRC；

(3) 其他技术条件按 JB/T 8044 的规定。

N	D	B		H		L	l	l_1	b_1	b_2	b_3	相配件 d
		基本尺寸	极限偏差 f7	基本尺寸	极限偏差 f9							
9	5～10	18	−0.016 −0.034	10	−0.013 −0.049	32	5	6	5	10	4	M6
14	>10～15	20	−0.020 −0.041	12	−0.016 −0.059	35	7	8	6.5	12	5	M8
18	>15～20	25		14		40	10	10	8	15	6	M10
24	>20～25	34	−0.025 −0.030	16		45	12	12	10	18	8	M12
32	>25～35	42				55	16	13	13	24	10	M16
42	>35～45	52	−0.030 −0.060	20	−0.020 −0.072	70	20					
55	>45～60	65				85	25	15	17	28	11	M20
70	>60～80	80		25		105	32					

表 3-13　导板(JB/T 8019—1999)　　　　　　　　（单位：mm）

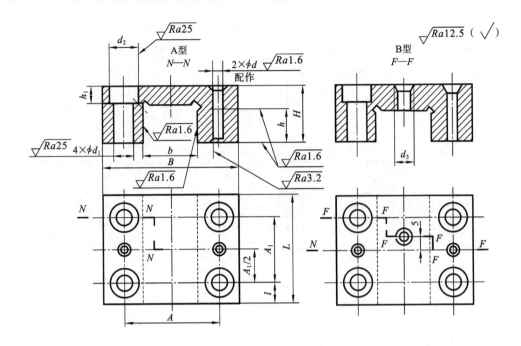

标记示例：

$b=20$ mm 的 A 型导板标记为

导板　A20　JB/T 8019—1999

技术条件：

(1) 材料：20 钢；

(2) 热处理：渗碳深度 0.8～1.2 mm,58～64 HRC;

(3) 其他技术条件按 JB/T 8044 的规定。

b		h		B	L	H	A	A_1	l	h_1	d		d_1	d_2	d_3
基本尺寸	极限偏差 H7	基本尺寸	极限偏差 H8								基本尺寸	极限偏差 H7			
18	+0.018 0	10	+0.022 0	50	38	18	34	22		8	5	+0.012 0	6.6	12	M8
20	+0.021 0	12		52	40	20	35			6					
25		14	+0.027 0	60	42	25	42	24	9		6				
34	+0.025 0	16		72	50	28	52	28	11	8			9	15	M10
42				90	60	32	65	34	13		8	+0.015 0	11	18	
52		20	+0.033 0	104	70	35	78	40	15	10	10				M12
65	+0.030 0			120	80		90	48	15.5				14	22	
80		25		140	100	40	110	66	17	12	12	+0.018 0			

3.2.4 定位器(表 3-14、表 3-15、表 3-16)

表 3-14 手拉式定位器(JB/T 8021.1—1999) （单位:mm）

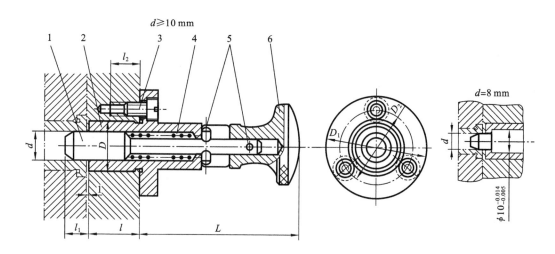

标记示例:

$d=15$ mm 的手拉式定位器标记为

定位器 15 JB/T 8021.1—1999

主要尺寸								件号	1	2	3	4	5	6
								名称	定位销	导套	螺钉	弹簧	销	把手
								材料	T8	45 钢	35 钢	碳素弹簧钢丝Ⅱ	45 钢	Q235
								数量	1	1	3	1	2	1
d	D	D_1	D_2	$L\approx$	l	$l_1\approx$	l_2	标准	JB/T 8021.1 —1999	JB/T 8021.1 —1999	GB/T 65 —2000		GB/T 119 —2000	JB/T 8023.1 —1999
8 — 10	16	40	28	57	20	9	9	规格	8 10	10	M4×10	0.8×8×32	2n6×12	6
12	18	45	32	63	24	11	10.5		12	12	M5×12	1×10×35	3n6×16	8
15	24	50	36	79	28	13			15	15		1.2×12×42	3n6×20	10

表 3-15　定位销(JB/T 8021.1—1999)　　　　　　　　　　(单位:mm)

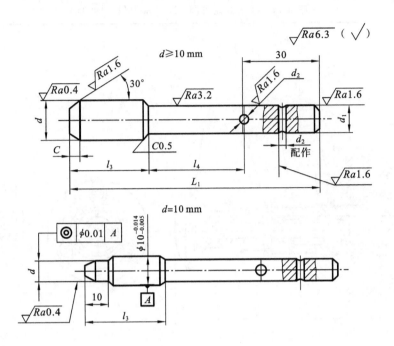

标记示例:

$d=15$ mm 的定位销标记为

定位销　15　JB/T 8021.1—1999

技术条件:

(1) 材料:T8;

(2) 热处理:在 l_3 长度上 55～60 HRC;

(3) 其他技术条件按 JB/T 8044 的规定。

d		d_1		L_1	l_3	l_4	d_2		C
基本尺寸	极限偏差 g6	基本尺寸	极限偏差 h8				基本尺寸	极限偏差 H7	
8	−0.005	6	0	75	24	28	2	+0.010	3
10	−0.014		−0.018					0	
12	−0.006	8	0	85	26	31.5	3		4
15	−0.017	10	−0.022	100	32	38.5			

表 3-16　手拉式定位器导套(JB/T 8021.1—1999)　　　　　　　　(单位:mm)

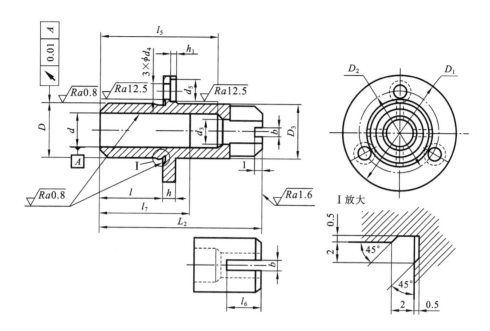

标记示例:

$d=15$ mm 的导套标记为

导套 15　JB/T 8021.1—1999

技术条件:

(1) 材料:45 钢;

(2) 热处理:35～40 HRC;

(3) 其他技术条件按 JB/T 8044 的规定。

d		d_3	d_4	d_5	b	D		D_1	D_2		D_3	L_2	l	l_5	l_6	l_7	h	h_1
基本尺寸	极限偏差 H7					基本尺寸	极限偏差 n6		基本尺寸	极限偏差								
10	+0.015 0	6.2	4.5	8.5	2.5	16	+0.023 +0.012	40	28	±0.200	16	52	20	38	10	30	6	3
12	+0.018 0	8.2	5.5	10	3.6	18		45	32		18	57	24	42	12	35	7	3.5
15		10.2				24	+0.028 +0.015	50	36		24	72	28	53	14	40		

3.3 支 承 件

1. 支承钉（表 3-17）

表 3-17　支承钉（JB/T 8029.2—1999）　　　　　　　　（单位：mm）

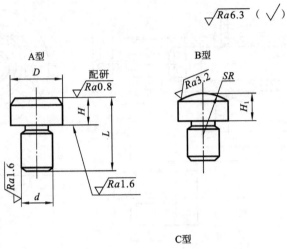

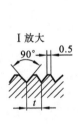

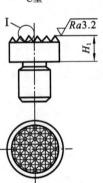

标记示例：

$D=16\ \mathrm{m}, H=8$ mm A 型支承钉标记为

支承钉　A16×8　JB/T 8029.2—1999

技术条件：

（1）材料：T8；

（2）热处理：55~60 HRC；

（3）其他技术条件按 JB/T 8044 的规定。

续表

D	H	H_1		L	d		SR	t
		基本尺寸	极限偏差 h11		基本尺寸	极限偏差 r6		
5	2	2	0 −0.060	6	3	+0.016 +0.010	5	1
	5	5	0 −0.075	9				
6	3	3	0 −0.075	8	4	+0.023 +0.015	6	1
	6	6		11				
8	4	4		12	6		8	
	8	8	0 −0.090	16				1.2
12	6	6	0 −0.075		8	+0.028 +0.019	12	
	12	12	0 −0.110	22				
16	8	8	0 −0.090	20	10		16	1.5
	16	16	0 −0.110	28				
20	10	10	0 −0.090	25	12	+0.034 +0.023	20	
	20	20	0 −0.130	35				
25	12	12	0 −0.110	32	16		25	
	25	25	0 −0.130	45				
30	16	16	0 −0.110	42	20	+0.041 +0.028	32	2
	30	30	0 −0.130	55				
40	20	20		50	24		40	
	40	40	0 −0.160	70				

2. 六角头支承(表 3-18)

表 3-18　六角头支承(JB/T 8026.1—1999)　　　　　　　　(单位:mm)

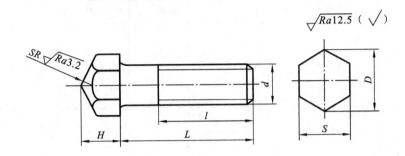

标记示例:

d = M20,L = 70 mm 的六角头支承标记为

支承　M20×70　JB/T 8026.1—1999

技术条件:

(1) 材料:45 钢;

(2) 热处理:L≤50 mm,全部 40~50 HRC;L>50 mm,头部 40~50 HRC;

(3) 其他技术条件按 JB/T 8044 的规定。

d		M5	M6	M8	M10	M12	M16	M20	M24	M30	M36
D≈		8.63	10.89	12.7	14.2	17.59	23.35	31.2	37.29	47.3	57.7
H		8	8	10	12	14	16	20	24	30	36
SR				5					12		
S	基本尺寸	8	10	11	13	17	21	27	34	41	50
	极限偏差	0 −0.220		0 −0.270			0 −0.330		0 −0.620		
L						l					
15		12	12								
20		15	15	15							
25		20	20	20	20						
30			25	25	25	25					
35				30	30	30	30				
40				35	35	35	35	30			
45								35	30		
50					40	40	40		35		
60					45	45	40	40	35		
70						50	50	50	45	45	
80						60		55	50		50
90							60	60		60	
100							70	70		60	
120								80	70		
140									100	90	
160										100	

3. 圆柱头支承（表 3-19）

表 3-19　圆柱头调节支承（JB/T 8026.3—1999）　　　　（单位:mm）

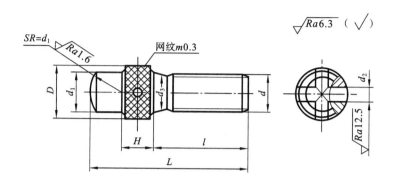

标记示例:

$d=$M20,$L=$80 mm 的圆柱头调节支承标记为

支承　M20×80　JB/T 8026.3—1999

技术条件:

(1) 材料:45 钢;

(2) 热处理:$L \leqslant 50$ mm,全部 40～50 HRC;$L > 50$ mm,头部 40～50 HRC;

(3) 其他技术条件按 JB/T 8044 的规定。

d	M5	M6	M8	M10	M12	M16	M20
D(滚花前)	10	12	14	16	18	22	28
d_1	5	6	8	10	12	16	20
d_2		3		4	5	6	8
d_3	3.7	4.4	6	7.7	9.4	13	16.4
H		6		8	10	12	14
L				l			
25	15						
30	20	20					
35	25	25	25				
40	30	30	30	25			
45	35	35	35	30			
50		40	40	35	30		
60			50	45	40		
70				55	50	45	
80					60	55	50
90						65	60
100						75	70
120							90

4. 调节支承（表 3-20）

表 3-20　调节支承（JB/T 8024.4—1999）　　　　　　　　　（单位：mm）

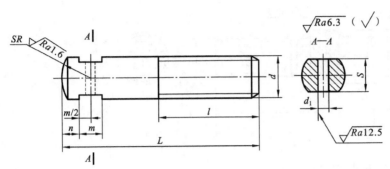

标记示例：

$d = $ M20, $L = 100$ mm 的调节支承标记为

支承　M20×100　JB/T 8026.4—1999

技术条件：

(1) 材料：45钢；

(2) 热处理：$L \leqslant 50$ mm，全部 40～50 HRC；$L > 50$ mm，头部 40～45 HRC；

(3) 其他技术条件按 JB/T 8044的规定。

d	M5	M6	M8	M10	M12	M16	M20	M24	M30	M36
n	2	3	3	4	5	6	8	10	12	18
m	4	4	5	8	8	10	12	14	16	18
S 基本尺寸	3.2	4	5.5	8	10	13	16	18	24	30
S 极限偏差	0 / −0.180	0 / −0.180	0 / −0.180	0 / −0.220	0 / −0.220	0 / −0.27	0 / −0.27	0 / −0.330	0 / −0.330	0 / −0.330
d_1	2	2.5	3	3.5	4	5	—	—	—	—
SR	5	6	8	10	12	16	20	24	30	36

L	M5	M6	M8	M10	M12	M16	M20	M24	M30	M36
					l					
20	10	10								
25	12	12	12							
30	16	16	16	14						
35		18	18	16						
40		18	20	20	18					
45			25	25	20					
50			30	30	25	25				
60				30	30	30				
70					35	40	35			
80					35	45	50	40		
100					50	50	50	60	50	
120						50			70	60
140						80		90	90	80
160							90	90		
180									100	100
200								90	100	
220										
250										150
280										
320										

5. 螺钉支承（表 3-21）

表 **3-21**　螺钉支承（JB/T 8036.1—1999）　　　　　　　　（单位:mm）

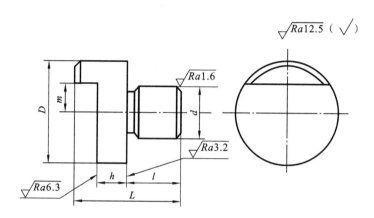

标记示例:

$D=30$ mm 的螺钉支承标记为

支承 30　JB/T　8036.1—1999

技术条件:

(1) 材料:45 钢,按 GB/T 699 的规定;

(2) 热处理:40～45 HRC;

(3) 其他技术条件按 JB/T 8044 的规定。

D	d		L	l	h	m	配用螺钉
	基本尺寸	极限偏差 r6					
14	8	+0.028 +0.019	18	10	5	3	M6
16	10		20	12		4	M8
18			22		6	5	M10
20	12	+0.034 +0.023	25	15		6	M12
25			30		9	7	M16
30	16		35	18		8	M20
35			38		10	10	M24
40	20	+0.041 +0.028	42	22		12	M30
50	25		50	25	15	14	M36

6. 支柱（表 3-22）

表 3-22　支柱（JB/T 8027.1—1999）　　　　　　　　　　　（单位：mm）

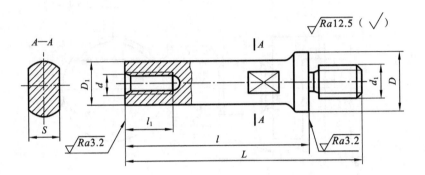

标记示例：

d＝M5，L＝40 mm 的支柱标记为

支承　M5×40　JB/T 8027.1—1999

技术条件：

（1）材料：45 钢；

（2）热处理：35～40 HRC；

（3）其他技术条件按 JB/T 8044 的规定。

d	L	d_1	D	D_1	S 基本尺寸	S 极限偏差	l	l_1
M5	35	M6	12	10	8	0 −0.220	25	10
	40						23	
M6	45	M8	14	12	10		32	12
	60						45	
	75	M10	16	14	11		58	
M8	90	M12	22	16	13	0 −0.270	70	16
	110						90	
M10	140	M16	30	20	16		115	20

7. 低支脚（表 3-23）

表 3-23　低支脚（JB/T 8028.1—1999）　　　（单位:mm）

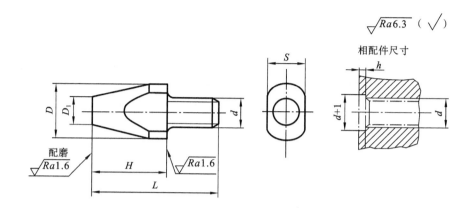

标记示例：

d＝M8，H＝20 mm 的低支脚标记为

支脚　M8×20　JB/T 8028.1—1999

技术条件：

(1) 材料:45 钢；

(2) 热处理:40～45 HRC；

(3) 其他技术条件按 JB/T 8044 的规定。

d	H	L	D	D_1	S		相配件 h
					基本尺寸	极限偏差	
M4	10	18	6	4	4	0 −0.180	0.5
	20	28					
M5	12	20	8	5	5.5		1
	25	34					
M6	16	25	10	6	8	0 −0.220	1.5
	32	42					
M8	20	32	12	8	10		2
	40	52					
M10	25	40	16	10	13	0 −0.270	2.5
	50	65					
M12	30	50	20	12	16		3
	60	80					
M16	40	60	25	16	21	0 −0.330	3.5
M20	50	80	32	20	27		4

8. 高支脚（表 3-24）

表 3-24　高支脚（JB/T 8028.2—1999）　　　　　　　　　（单位：mm）

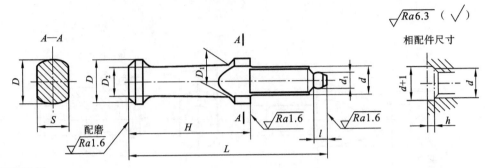

标记示例：

d＝M10、H＝55 mm 的高支脚标记为

高支脚　M10×55　JB/T 8028.2—1999

技术条件：

(1) 材料：45 钢，按 GB/T 699 的规定；

(2) 热处理：40～45 HRC；

(3) 其他技术条件按 JB/T 8044 的规定。

d	H	L	D	D_1	D_2	d_1	S		l	相配件 h
							基本尺寸	极限偏差		
M8	35	60	12	11	8	5	10	0 −0.220	4	2
	45	70								
	55	80								
	65	90								
M10	45	75	16	14	10	7	13		5	2.5
	55	85								
	65	95						0 −0.270		
	75	105								
M12	55	90	20	16	13	9	16		6	3
	70	105								
	85	120								
	100	135								
M16	65	110	25	22	16	12	21		8	3.5
	85	130								
	105	150						0 −0.330		
	130	175								
M20	100	155	32	26	20	15	27		10	4
	125	180								
	150	205								
	180	235								

9. 支承板(表 3-25)

表 3-25　支承板(JB/T 8029.1—1999)　　　　　　　　　　　(单位:mm)

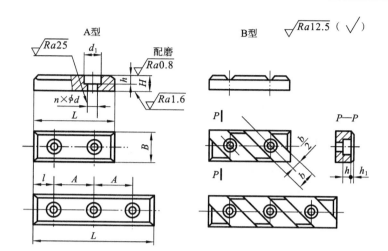

标记示例:

$H=16$ mm、$L=100$ mm 的 A 型支承板标记为

A 型支承板:

支承板　A16×100　JB/T 8029.1—1999

技术条件:

(1) 材料:T8,按 GB/T 1298 的规定;

(2) 热处理:55～60 HRC;

(3) 其他技术条件按 JB/T 8044 的规定。

H	L	B	b	l	A	d	d_1	h	h_1	C	孔数 n
6	30	12	—	7.5	15	4.5	8.5	3	—	0.5	2
	45										3
8	40	14		10	20	5.5	10	3.5			2
	60										3
10	60	16	14	15	30	6.6	12	4.5			2
	90										3
12	80	20	17	20	40	9	15	6	1.5	1	2
	120										3
16	100	25			60						2
	160										3
20	120	32	20	30		11	18	7	2.5	1.3	2
	180										3
25	140	40			80						2
	220										3

10. 支板(表 3-26)

表 3-26　支板(JB/T 8030—1999)　　　　　　　　　　（单位：mm）

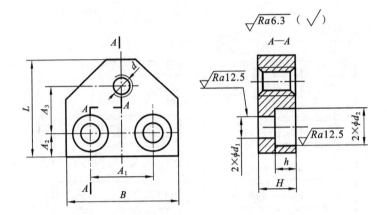

标记示例：

$d=$M8，$L=30$ mm 的支板标记为

支板　M8×30　JB/T 8030—1999

技术条件：

(1) 材料：45 钢；

(2) 热处理：35～40 HRC；

(3) 其他技术条件按 JB/T 8044 的规定。

d	L	B	H	A_1	A_2	A_3	d_1	d_2	h
M5	18	22	8	11	5.5	8	4.5	8	5
	24					14			
M6	24	28	10	15	6.5	12	5.5	10	6
	30					18			
M8	30	35	12	20	8	14	6.6	11	7
	38					22			
M10	38	45	15	25	10	18	6	15	9
	48					28			
M12	44	55	18	32	12	18	11	18	11
	58					32			
M16	52	75	22	48	14	22	13.5	20	13
	68					38			

11. 螺钉用垫板(表 3-27)

表 3-27　螺钉用垫板(JB/T 8042—1999)　　　　　　　　(单位:mm)

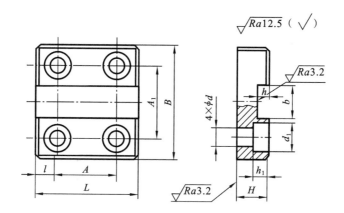

标记示例:

b＝13 mm,L＝40 mm 的螺钉用垫板标记为

垫板　13×40　JB/T 8042—1999

技术条件:

(1) 材料:45 钢;

(2) 热处理:35～40 HRC;

(3) 其他技术条件按 JB/T 8044 的规定。

b	L	B	H	A	A_1	l	d	d_1	h	h_1	配用螺钉
5.5	24	28	8	12	16	6	4.5	8	2	4	M6
7	30	34	10	16	20	7	5.5	10	3	5	M8
8	34	40	12	18	24	8	6.6	11	4	6	M10
10		42			26				5		M12
	54			34		10					
13	40	45		24	29	8					M16
	70			42		14					
16	50	56		30	36	10	9	15	6	8	M20
	90			54		18					
19	60	58	16	40	38	10			8		M24～M36
	90			54		18					
	130			80		25					

12. 螺钉（表 3-28）

表 3-28　螺钉（JB/T 8006.3(1)—1999）　　　　　　（单位:mm）

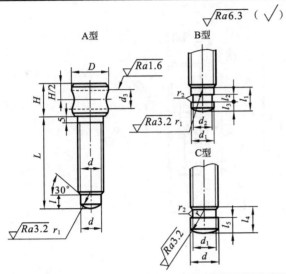

标记示例:
d=M20,L=70 mm 的 A 型螺钉标记为
螺钉　AM20×70　JB/T 8006.3(1)—1999
技术条件:
(1) 材料:45 钢,按 GB/T 699 的规定;
(2) 热处理:35~40 HRC;
(3) 其他技术条件按 JB/T 8044 的规定。

d	M6	M8	M10	M12	M16	M20	M24
D	12	15	18	20	21	30	
d_1	4.5	6	7	9	12	16	18
d_2	3.1	4.6	5.7	7.8	10.4	13.2	15.2
d_3	5.1	6.1	8.2	10.2	12.2	16.2	
H	10	12	14	16	20	25	
l	4	5	6	7	8	10	12
l_1	7	8.5	10	13	15	18	20
l_2	2.1		2.5		3.4	5	
l_3	2.2	2.6	3.2	4.8	6.3	7.5	8.5
l_4	6.5	9	11	13.5	15	17	20
l_5	3	4	5	6.5	8	9	11
r	6	8	10	12	16	20	25
r_1	5	6	7	9	12	16	18
r_2	0.5				0.7	1	
L	30	30					
	35	35	35				
	40	40	40	40			
	50	50	50	50	50		
		60	60	60	60	60	
			70	70	70	70	70
			80	80	80	80	80
				90	90	90	90
				100	100	100	100
				120	120	120	120
					140	140	140
					160	160	160
							180

3.4　夹　紧　件

3.4.1　压块

1. 光面压块（表 3-29）

表 3-29　光面压块（摘自 JB/T 8009.1—1999）　　　　　　（单位：mm）

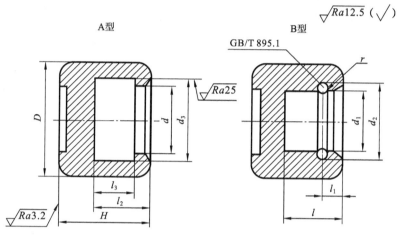

标记示例：

公称直径＝12 mm，r＝22 mm 的 A 型光面压块标记为

压块　A12　JB/T 8009.1—1999

技术条件：

(1) 材料：45 钢，按 GB/T 699 的规定；

(2) 热处理：35～40 HRC；

(3) 其他技术条件按 JB/T 8044 的规定。

公称直径（螺钉直径）	D	H	d	d_1	d_2		d_3	l	l_1	l_2	l_3	r	挡圈 GB/T 895.1
					基本尺寸	极限偏差							
4	8	7	M4	—	—	—	4.5	—	—	4.5	2.5	0.4	—
5	10	9	M5				6			6	3.5		
6	12		M6	4.8	5.3	+0.100 0	7	6	2.4				5
8	16	12	M8	6.3	6.9		10	7.5	3.1	8	5		6
10	18	15	M10	7.4	7.9		12	8.5	3.5	9	6		7
12	20	18	M12	9.5	10		14	10.5	4.2	11.5	7.5		9
16	25	20	M16	12.5	13.1	+0.120 0	18	13	4.4	13	9	0.6	12
20	30	25	M20	16.5	17.5		22	16	5.4	15	10.5		16
24	36	28	M24	18.5	19.5	+0.280 0	26	18	6.4	17.5	12.5	1	18

2. 槽面压块(表 3-30)

表 3-30 　槽面压块(JB/T 8009.2—1999)　　　　　　(单位:mm)

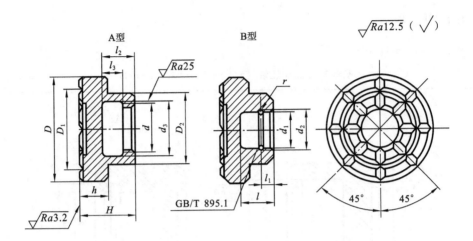

标记示例:

公称直径=12 mm 的 A 型槽面压块标记为

压块　A12　JB/T 8009.2—1999

技术条件:

(1) 材料:45 钢,按 GB/T 699 的规定;

(2) 热处理:35~40 HRC;

(3) 其他技术条件按 JB/T 8044 的规定。

公称直径 (螺纹直径)	D	D_1	D_2	H	h	d	d_1	d_2 基本尺寸	极限偏差	d_3	l	l_1	l_2	l_3	r	挡圈 (GB/T 895.1)
8	20	14	16	12	6	M8	6.3	6.9	+0.100 0	10	7.5	3.1	8	5	0.4	6
10	25	18	18	15	8	M10	7.4	7.9		12	8.5	3.5	9	6		7
12	30	21	20	18	10	M12	9.5	10		14	10.5	4.2	11.5	7.5		9
16	35	25	25	20	12	M16	12.5	13.1	+0.120 0	18	13	4.4	13	9	0.6	12
20	45	30	30	25		M20	16.5	17.5		22	16	5.4	15	10.5		16
24	55	38	36	28	14	M24	18.5	19.5	+0.280 0	26	18	6.4	17.5	12.5	1	18

3. 弧形压块（表 3-31）

表 3-31　弧形压块（JB/T 8009.4—1999）　　　　　　　　　　（单位:mm）

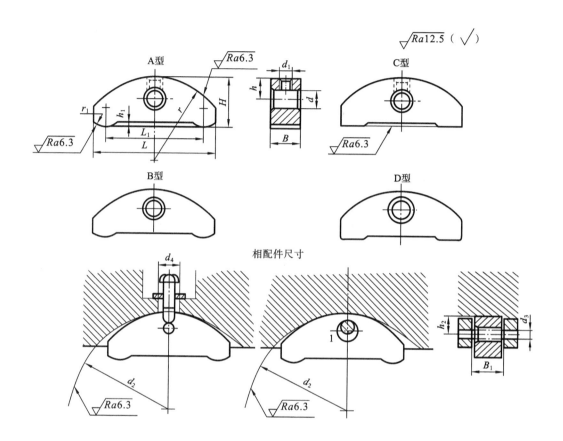

标记示例：

$L=80$ mm，$B=20$ mm 的 A 型弧形压块标记为

压块　A80×20　JB/T 8009.4—1999

技术条件：

（1）材料:45 钢；

（2）热处理:35~40 HRC；

（3）其他技术条件按 JB/T 8044 的规定。

续表

L	B 基本尺寸	B 极限偏差 a11	H	h	d	d_1	L_1	r	r_1	相配件 d_2	相配件 d_3	相配件 d_4	相配件 h_2	相配件 B_1
30	10	−0.290 −0.400	14	6.5	6	M4	25	25	5	63	4	7	6.2	10
30	14	−0.290 −0.400	14	6.5	6	M4	25	25	5	63	4	7	6.2	14
40	10	−0.290 −0.400	16	6.5	6	M4	32	25	6	63	4	7	6.2	10
40	14	−0.290 −0.400	16	6.5	6	M4	32	25	6	63	4	7	6.2	14
50	10	−0.290 −0.400	20	8.2	8	M5	40	32	8	80	4	8	7.5	10
50	14	−0.290 −0.400	20	8.2	8	M5	40	32	8	80	4	8	7.5	14
50	18	−0.290 −0.400	20	8.2	8	M5	40	32	8	80	4	8	7.5	18
60	10	−0.290 −0.400	25	10.5	10	M6	50	40	10	100	5	10	9.5	10
60	14	−0.290 −0.400	25	10.5	10	M6	50	40	10	100	5	10	9.5	14
60	18	−0.290 −0.400	25	10.5	10	M6	50	40	10	100	5	10	9.5	18
80	14	−0.290 −0.400	32	11.5	12	M8	60	50	12	125	6	13	10.5	14
80	16	−0.290 −0.400	32	11.5	12	M8	60	50	12	125	6	13	10.5	16
80	20	−0.300 −0.430	32	11.5	12	M8	60	50	12	125	6	13	10.5	20
100	14	−0.290 −0.400	40	14	16	M8	80	60	16	160	8	13	12.5	14
100	16	−0.290 −0.400	40	14	16	M8	80	60	16	160	8	13	12.5	16
100	20	−0.290 −0.430	40	14	16	M8	80	60	16	160	8	13	12.5	20
125	16	−0.290 −0.400	50	16.5	16	M10	100	80	18	200	8	16	14.5	16
125	20	−0.300 −0.430	50	16.5	16	M10	100	80	18	200	8	16	14.5	20

3.4.2　压板

1. 移动压板（表 3-32）

表 3-32　移动压板（JB/T 8010.1—1999）　　　　　　　　（单位：mm）

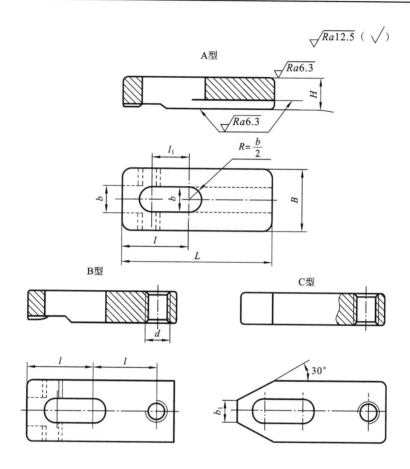

标记示例：

公称直径＝12 mm，L＝80 mm 的 A 型移动压板标记为

压板　A12×80　JB/T 8010.1—1999

技术条件：

（1）材料：45 钢；

（2）热处理：35～40 HRC；

（3）其他技术条件按 JB/T 8044 的规定。

续表

公称直径(螺纹直径)	L			B	H	l	l₁	b	b₁	d
	A 型	B 型	C 型							
6	40	—	40	18	6	17	9	6.6	7	M6
	45		—	20	8	19	11			
	50			22	12	22	14			
8	45	—	—	20	8	18	8	9	9	M8
	50			22	10	22	12			
10	60	60		25	14	27	17	11	10	M10
	60	—	—		10		14			
	70			28	12	30	17			
	80			30	16	36	23			
12	70	—	—	32	14	30	15	14	12	M12
	80				16	35	20			
	100				18	45	30			
	120			36	22	55	43			
16	80	—	—	40	18	35	15	18	16	M16
	100				22	44	24			
	120				25	54	36			
	160			45	30	74	54			
20	100	—	—	50	22	42	18	22	20	M20
	120				25	52	30			
	160				30	72	48			
	200			55	35	92	68			
24	120	—	—	50	28	52	22	26	24	M24
	160			55	30	70	40			
	200			60	35	90	60			
	250				40	115	85			
30	160	—	—	65	35	70	35	33	—	M30
	200		—			90	55			
	250		—		40	115	80			
36	200	—	—	75		85	45	39	—	—
	250				45	110	70			
	320			80	50	145	105			

2. 转动压板（表 3-33）

表 3-33　转动压板（JB/T 8010.2—1999）　　　　　　　（单位:mm）

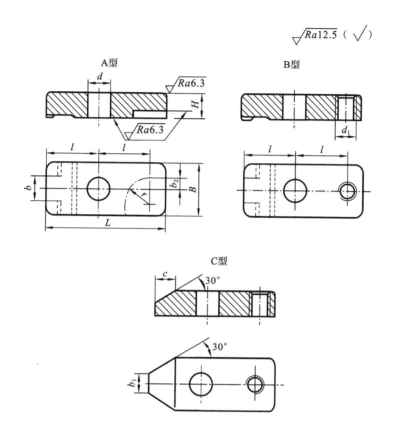

标记示例：

公称直径＝12 mm,L＝80 mm 的 A 型转动压板标记为

压板　A12×80　JB/T 8010.2—1999

技术条件：

(1) 材料:45 钢；

(2) 热处理:35～40 HRC；

(3) 其他技术条件按 JB/T 8044 的规定。

公称直径（螺纹直径）	L A型	L B型	L C型	B	H	l	d	d_1	b	b_1	b_2	r	c
6	40	—	40	18	6	17	6.6	M6	8	6	3	8	2
	45	45	—	20	8	19							—
	50	50	50	22	12	22							10
8	45	—	—	20	8	18	9	M8	9	8	4	10	—
	50	50	50	22	10	22							7
	60	60	60	25	14	27							14
10	60	—	—	25	10	27	11	M10	11	10	5	12.5	—
	70	70	70	28	12	30							10
	80	80	80	30	16	36							14
12	70	—	—	32	14	30	14	M12	14	12	6	16	—
	80	80	80	32	16	35							14
	100	100	100	32	20	45							17
	120	120	120	36	22	55							21
16	80	—	—	40	18	35	18	M16	18	16	8	17.5	—
	100	100	100	40	22	44							14
	120	120	120	40	25	54							17
	160	160	160	45	30	74							21
20	100	—	—	50	22	42	22	M20	22	20	10	20	—
	120	120	120	50	25	52							12
	160	160	160	50	30	72							17
	200	200	200	55	35	92							26
24	120	—	—	50	28	52	26	M24	26	24	12	22.5	—
	160	160	160	55	30	70							17
	200	200	200	60	35	90							
	250	250	250	60	40	115							26
30	160	—	—	65	35	70	33	M30	33	—	15	30	—
	200	200	—	65	35	90							
	250	250	—	65	40	115							
36	200	—	—	75	—	85	39	—	39	—	18	30	—
	250	250	—	75	45	110							
	320	320	—	80	50	145							

3. 移动弯曲压板(表 3-34)

表 3-34　移动弯曲压板(JB/T 8010.3—1999)　　　　　　　(单位:mm)

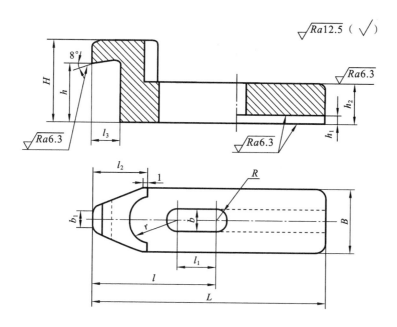

标记示例:

公称直径=12 mm,*L*=120 mm 的移动弯压板标记为

压板　12×120　JB/T 8010.3—1999

技术条件:

(1) 材料:45 钢;

(2) 热处理:35~40 HRC;

(3) 其他技术条件按 JB/T 8044 的规定。

公称直径 (螺纹直径)	L	B	H	h	h_1	h_2	C	l	l_1	l_2	l_3	b	b_1	r
6	60	20	20	12		10	4	32		18	8	6.6	10	8
8	80	25	25	15	3	12	6	40	12	22	12	9	12	10
10	100	32	32	20		16	8	52	16	30	16	11	15	13
12	120	40	40	23		18	10	65	20	38	20	14	20	15
16	160	45	50	30	5	23	12	80	25	45	25	18	22	18
20	200	55	60	36	6	30	16	100	30	56	30	22	25	22
24	250	65	70	44		32	20	125	35	75	35	26	28	26
30	320	75	100	60	8	40	25	160	45	90	45	33	32	30
36	360	90	115	65		45	30	180	50	100	50	39	40	36
42	400	105	130	75	10	50	35	200	60	115	60	45	45	42

4. 偏心轮用压板（表 3-35）

表 3-35　偏心轮用压板（JB/T 8010.7—1999）　　　　　（单位：mm）

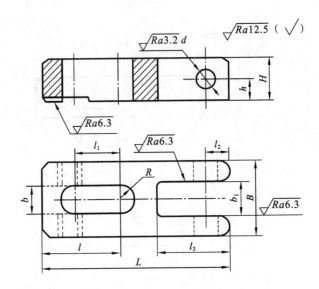

标记示例：

公称直径＝10 mm，L＝80 mm 的偏心轮用压板标记为

压板　10×80　JB/T 8010.7—1999

技术条件：

(1) 材料：45 钢，按 GB/T 699 的规定；

(2) 热处理：A 型　T215，B 型　35～40 HRC；

(3) 其他技术条件按 JB/T 8044 的规定。

公称直径 (螺纹直径)	L	B	H	d 基本尺寸	d 极限偏差 H7	b	b_1 基本尺寸	b_1 极限偏差 H11	l	l_1	l_2	l_3	h
6	60	25	12	6	+0.012 0	6.6	12		24	14	6	24	5
8	70	30	16	8	+0.015 0	9	14	+0.110 0	28	16	8	28	7
10	80	36	18	10		11	16		32	18	10	32	8
12	100	40	22	12	+0.018 0	14	18		42	24	12	38	10
16	120	45	25	16		18	22	+0.130 0	54	32	14	45	12
20	160	50	30			22	24		70	45	15	52	14

5. 铰链压板(表 3-36)

表 3-36　铰链压板(JB/T 8010.14—1999)　　　　　　　　　　(单位:mm)

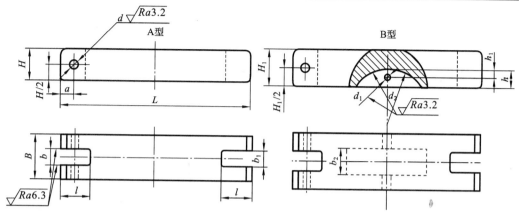

标记示例:

$b=8$ mm,$L=100$ mm 的 A 型铰链压板标记为

压板　A8×100　JB/T 8010.14—1999

技术条件:

(1) 材料:45 钢,按 GB/T 699 的规定;

(2) 热处理:A 型 T215,B 型 35~40 HRC;

(3) 其他技术条件按 JB/T 8044 的规定。

b 基本尺寸	b 极限偏差	L	B	H	H₁	b₁	b₂	d 基本尺寸	d 极限偏差	d₁ 基本尺寸	d₁ 极限偏差	d₂	a	l	h	h₁
6	+0.075 0	70	16	12	—	6	—	4	+0.012 0	—	+0.010 0	—	5	12	—	—
		90														
8	+0.090 0	100	18	15	20	8	10	5		3		63	6	15	10	6.2
		120					14									
10	+0.090 0	120	24	18	20	10	10	6	+0.012 0	3	+0.010 0	63	7	18	10	6.2
		140					14									
12	+0.110 0	160	32	22	26	12	10	8	+0.015 0	4	+0.012 0	80	9	22	14	7.5
		180					14									
							18									
14		200	32	26	32	14	10	10		5		100	10	25	18	9.5
		220					14									
18		250	40	32	38	18	14	12	+0.018 0	6		125	14	32	22	10.5
		280					16									
							20									
22	+0.130 0	250	50	40	45	22	14	16		8	+0.015 0	160	18	40	26	12.5
		280					16									
		300					20									
26		320	60	45		26	16	20	+0.021 0	8		200	22	48	26	14.5
		360					20									

6. 回转压板（表 3-37）

表 3-37　回转压板（JB/T 8010.15—1999）　　　　　　　（单位：mm）

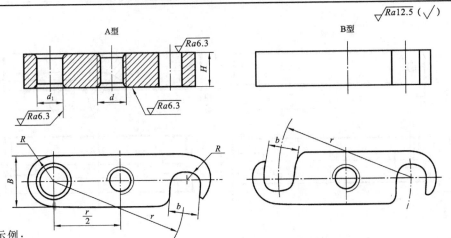

标记示例：

$d=$M10 mm，$r=50$ mm 的 A 型回转压板标记为

压板　AM10×50　JB/T 8010.15

技术条件：

(1) 材料：45 钢，按 GB/T 699 的规定；

(2) 热处理：35～40 HRC；

(3) 其他技术条件按 JB/T 8044 的规定。

		M5	M6	M8	M10	M12	M16
d		M5	M6	M8	M10	M12	M16
B		14	18	20	20	25	32
H	基本尺寸	6	8	10	12	16	20
	极限偏差 h11	0 -0.075	0 -0.090		0 -0.110		0 -0.130
b		5.5	6.6	9	11	14	18
d_1	基本尺寸	6	8	10	12	14	18
	极限偏差 H11	$+0.075$ 0	$+0.090$ 0		$+0.110$ 0		
		20					
		25					
		30	30				
		35	35				
		40	40	40			
			45	45			
		50	50	50	50		
			55	55	55		
			60	60	60	60	
			65	65	65	65	
			70	70	70	70	
					75	75	
					80	80	80
					85	85	85
					90	90	90
						100	100
							110
							120
配用螺钉（GB/T 830）		M5×6	M6×8	M8×10	M10×12	M12×16[1]	M16×20[1]

注：按使用需要自行设计。

3. 4. 3 偏心轮(表 3-38、表 3-39)

表 3-38 圆偏心轮(JB/T 8011.1—1999)   (单位:mm)

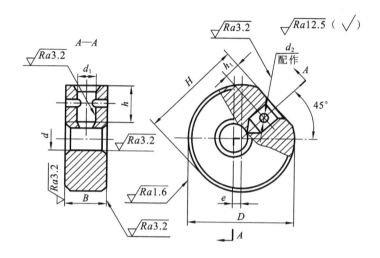

标记示例:

$D=60$ mm 的圆偏心轮标记为

偏心轮 60 JB/T 8011.1—1999

技术条件:

(1) 材料:20 钢;

(2) 热处理:渗碳深度 0.8~1.2 mm,58~64 HRC;

(3) 其他技术条件按 JB/T 8044 的规定。

D	e		B		d		d_1		d_2		H	h	h_1
	基本尺寸	极限偏差	基本尺寸	极限偏差 d11	基本尺寸	极限偏差 D9	基本尺寸	极限偏差 H7	基本尺寸	极限偏差 H7	H	h	h_1
25	1.3		12		6	+0.060 +0.030	6	+0.012 0	2		24	9	4
32	1.7		14	−0.050 −0.160	8	+0.076 +0.040	8	+0.015 0		+0.010 0	31	11	5
40	2	±0.200	16		10		10		3		38.5	14	6
50	2.5		18		12	+0.093 +0.050	12	+0.018 0	4	+0.012 0	48	18	8
60	3		22	−0.065 −0.195	16		16		5		58	22	10
70	3.5		24								68	24	

表 3-39　偏心轮用垫板(JB/T 8011.5—1999)　　　　　（单位：mm）

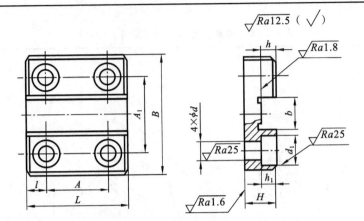

标记示例：

$b=25$ mm 的偏心轮用垫座标记为

垫座　25　JB/T 8011.5—1999

技术条件：

(1) 材料：20 钢；

(2) 热处理：渗碳深度 0.8～1.2 mm，58～64 HRC；

(3) 其他技术条件按 JB/T 8044 的规定。

b	L	B	H	A	A_1	l	d	d_1	h	h_1
13	35	42	12	19	26	8	6.6	12	5	6
15	40	45		24	29					
17	45	56	16	25	36	10	9	15	6	8
19	50	58		30	38				8	
23	60	62	20	36	42	12				
25	70	64		46	44				10	

3.4.4　支座、支柱

1. 铰链轴(表 3-40)

表 3-40　铰链轴(JB/T 8033—1999)　　　　　（单位：mm）

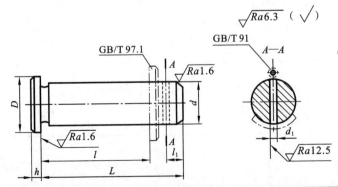

标记示例：

$d=10$ mm，偏差为 f9，$L=45$ mm 的

铰链轴标记为

铰链轴 10f9×45 JB/T 8033—1999

技术条件：

(1) 材料：45 钢；

(2) 热处理：35～40 HRC；

(3) 其他技术条件按 JB/T 8044 的

规定。

续表

	基本尺寸	4	5	6	8	10	12	16	20	25
d	极限偏差 h6	0 / −0.008			0 / −0.009		0 / −0.011		0 / −0.013	
	极限偏差 f9	−0.010 / −0.040			−0.013 / −0.049		−0.016 / −0.059		−0.020 / −0.072	
D		6	8	9	12	14	18	21	26	32
d_1		1			1.5		2	2.5	3	4
l		$L-4$			$L-5$	$L-7$	$L-8$	$L-10$	$L-12$	$L-15$
l_1		2			2.5	3.5	4.5	5.5	6	8.5
h		1.5	2		2.5		3		5	
L		20	20	20	20					
		25	25	25	25	25				
		30	30	30	30	30	30			
			35	35	35	35	35	35		
			40	40	40	40	40	40		
				45	45	45	45	45		
				50	50	50	50	50	50	
					55	55	55	55	55	
					60	60	60	60	60	60
					65	65	65	65	65	65
						70	70	70	70	70
						75	75	75	75	75
						80	80	80	80	80
							90	90	90	90
							100	100	100	100
								110	110	110
								120	120	120
									140	140
									160	160
									180	180
									200	200
										220
										240
相配件	垫圈 GB/T 97.1	B4	B5	B6	B8	B10	B12	B16	B20	B24
	开口销 GB/T 91	1×8			1.5×10	1.5×16	2×20	2.5×25	3×30	4×35

2. 铰链支座（表 3-41）

表 3-41　铰链支座（JB/T 8034—1999）　　　　　　　（单位：mm）

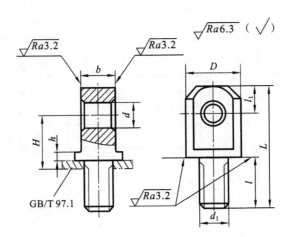

标记示例：

$b=22$ mm 的铰链支座标记为

支座　22　JB/T 8034—1999

技术条件：

(1) 材料：45 钢；

(2) 热处理：35～40 HRC；

(3) 其他技术条件按 JB/T 8044 的规定。

b		D	d	d_1	L	l	l_1	$H\approx$	h
基本尺寸	极限偏差 d11								
6	−0.030 −0.105	10	4.1	M5	25	10	5	11	2
8	−0.040 −0.130	12	5.2	M6	30	12	6	13.5	
10		14	6.2	M8	35	14	7	15.5	3
12	−0.050 −0.160	18	8.2	M10	42	16	9	19	
14		20	10.2	M12	50	20	10	22	4
18		28	12.2	M16	65	25	14	29	5
22	−0.065 −0.195	34	16.2	M20	80	33	17	33	
26		42	20.2	M24	95	38	21	40	7

3. 铰链叉座(表 3-42)

表 3-42　铰链叉座(JB/T 8035—1999)　　　　　　　　　(单位:mm)

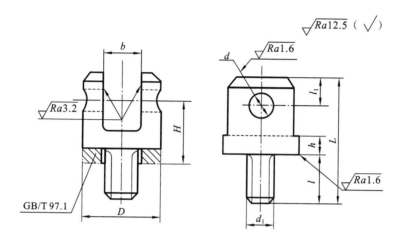

标记示例:

$b=22$ mm 的铰链叉座标记为

叉座　22　JB/T 8035—1999

技术条件:

(1) 材料:45 钢;

(2) 热处理:35～40 HRC;

(3) 其他技术条件按 JB/T 8044 的规定。

b		d		D	d_1	L	l	l_1	$H\approx$	h
基本尺寸	极限偏差 H11	基本尺寸	极限偏差 H7							
6	+0.075 0	4	+0.012 0	14	M5	25	10	5	11	3
8	+0.090 0	5		18	M6	30	12	6	13.5	4
10		6		20	M8	35	14	7	15.5	5
12	+0.110 0	8	+0.015 0	25	M10	42	16	9	19	6
14		10		30	M12	50	20	10	22	7
18		12	+0.018 0	38	M16	65	25	14	29	9
22	+0.130 0	16		48	M20	80	33	17	33	10
26		20	+0.021 0	55	M24	95	38	21	40	12

4. 螺钉支座（表 3-43）

表 3-43　螺钉支座（JB/T 8036.1—1999）　　　　　　　　　　（单位：mm）

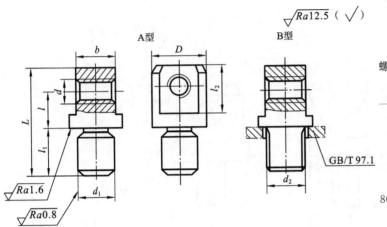

标记示例：

$d = M12, l = 20$ mm 的 A 型螺钉支座标记为

支座　AM12×20　JB/T 8036.1—1999

技术条件：

（1）材料：45 钢；

（2）热处理：35～40 HRC；

（3）其他技术条件按 JB/T 8044 的规定。

d		M6	M8	M10	M12	M16	M20	M24
d_1	基本尺寸	10	12	16	20	25	30	36
	极限偏差 n6	+0.019 +0.010	+0.023 +0.012			+0.028 +0.015		+0.033 +0.017
d_2		M10	M12	M16	M20	M24	M30	M36
D		15	18	24	30	35	40	50
l_1		12	15	20	24	30	36	45
l_2		12	16	18	24	30	40	50
b		10	14	17	22	24	30	35
b_1		2						3
a		0.5						1
C		1.5	2		3		4	
l		L						
10		28	32	40				
15		32	38	45				
20		38	42	50	55			
25		42	48	55	60			
30		48	52	60	65	75		
40			62	70	75	85	95	
50			80	85	95	105		
60				95	105	115	130	
70				105	115	125	140	
80					125	135	150	
100						155	170	
120							190	
140							210	

3.4.5　夹具专用螺钉

1. 压紧螺钉（表 3-44）

表 3-44　压紧螺钉（JB/T 8006.1—1999）　　　　　　　　　　（单位：mm）

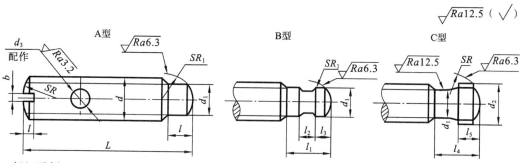

标记示例：

$d=$M24，$L=$80 mm 的 A 型压紧螺钉标记为

螺钉　AM24×80　JB/T 8006.1—1999

技术条件：

(1) 材料：45 钢；

(2) 热处理：30～35 HRC；

(3) 其他技术条件按 JB/T 8044 的规定。

d		M4	M5	M6	M8	M10	M12	M16	M20	M24	M30
d_1		2.8	3.5	4.5	6	7	9	12	16	18	
d_2		—		3.1	4.6	5.7	7.8	10.4	13.2	15.2	
d_3		M4	M5	M6	M8	M10	M12	M16	M20	M24	
d_4	基本尺寸	—	1.5	2	3	4	5	6		8	
	极限偏差 H7	—	+0.010 0				+0.012 0			+0.015 0	
l		3		4	5	6	7	8	10	12	
l_1		—		7	8.5	10	13	15	18	20	
l_2		—		2.1		2.5		3.4		5	
l_3		—		2.2	2.6	3.2	4.8	6.3	7.5	8.5	
l_4		5		6.5		9	11	13.5	15	17	20
l_5		2		3		4	5	6.5	8	9	11
r		4	5	6	8	10	12	16	20	25	
r_1		3	4	5	6	7	9	12	16	18	
r_2		0.3		0.5				0.7		1	
b		0.6		0.8		1.2	1.5	2		3	4
t		1.4	1.8	2	2.5	3	3.5	4.5	6		7

续表

L								
	18							
	20							
	22	22						
	25	25						
	28	28	28					
	30	30	30					
	35	35	35	35				
	40	40	40	40	40			
		45	45	45	45			
L		50	50	50	50	50		
		60	60	60	60	60		
			70	70	70	70	70	
			80	80	80	80	80	80
				90	90	90	90	90
				100	100	100	100	100
					110	110	110	110
					120	120	120	120
						140	140	140
						160	160	160
							180	180

2. 六角头压紧螺钉（表 3-45）

表 3-45　六角头压紧螺钉（JB/T 8006.2—1999）　　　　　　　　　（单位：mm）

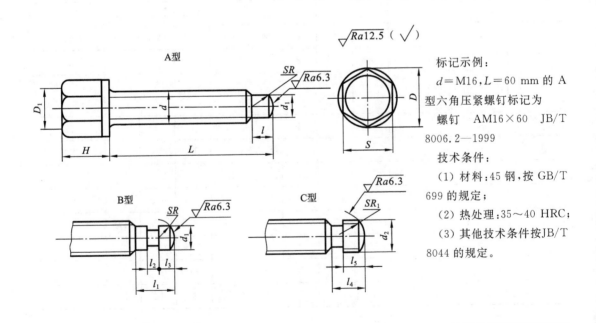

标记示例：

d＝M16，L＝60 mm 的 A 型六角压紧螺钉标记为

螺钉　AM16×60　JB/T 8006.2—1999

技术条件：

（1）材料：45 钢，按 GB/T 699 的规定；

（2）热处理：35～40 HRC；

（3）其他技术条件按JB/T 8044 的规定。

续表

d		M8	M10	M12	M16	M20	M24	M30	M36
$D\approx$		12.7	14.2	17.59	23.35	31.2	37.29	47.3	57.7
$D_1\approx$		11.5	13.5	16.5	21	26	31	39	47.5
H		10	12	16	18	24	30	36	40
S	基本尺寸	11	13	16	21	27	34	41	50
	极限偏差		0 −0.240			0 −0.280		0 −0.340	
d_1		6	7	9	12	16	18		
d_2		M8	M10	M12	M16	M20	M24		
l		5	6	7	8	10	12		
l_1		8.5	10	13	15	18	20		
l_2			2.5		3.4		5		
l_3		2.6	3.2	4.8	6.3	7.5	8.5		
l_4		9	11	13.5	15	17	20		
l_5		4	5	6.5	8	9	11		
SR_1		8	10	12	16	20	25		
SR		6	7	9	12	16	18		
L		25							
		30	30						
		35	35	35					
		40	40	40	40				
		50	50	50	50	50			
			60	60	60	60	60		
				70	70	70	70		
				80	80	80	80	80	
				90	90	90	90	90	
					100	100	100	100	100
						110	110	110	110
						120	120	120	120
							140	140	140
								160	160
									180
									200

3. 固定手柄压紧螺钉（表 3-46）

表 3-46　固定手柄压紧螺钉（JB/T 8006.3—1999）　　　　　　（单位：mm）

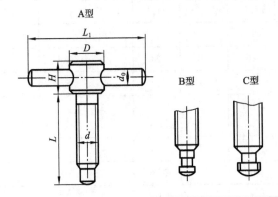

标记示例：

$d = M10, L = 70$ mm 的 A 型固定手柄压紧螺钉标记为

螺钉　AM10×70　JB/T 8046.3—1999

与光面压块配套使用，加大夹紧面积，避免夹紧过程中损伤工件表面。

d	d_0	D	H	L_1	L										
M6	5	12	10	50	30	35					—	—			
M8	6	15	12	60			40							—	
M10	8	18	14	80	—			50							
M12	10	20	16	100	—				60						
M16	12	24	20	120						70	80	90	100	120	
M20	16	30	25	160			—								140

4. 钻套用螺钉（表 3-47）

表 3-47　钻套用螺钉（JB/T 8045.5—1999）　　　　　　（单位：mm）

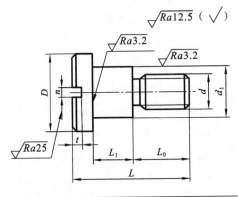

标记示例：

$d = M10, L_1 = 13$ mm 的钻套用螺钉标记为

螺钉　M10×13　JB/T 8045.5—1999

技术条件：

(1) 材料：45 钢，按 GB/T 699 的规定；

(2) 热处理：35～40 HRC；

(3) 其他技术条件按 JB/T 8044 的规定。

d	L_1		d_1		D	L	L_0	n	t	钻套内径
	基本尺寸	极限偏差	基本尺寸	极限偏差 d11						
M5	3		7.5	−0.040	13	15	9	1.2	1.7	＞0～6
	6			−0.130		18				
M6	4	+0.200	9.5		16	18	10	1.5	2	＞6～12
	8	+0.050				22				
M8	5.5		12	−0.050	20	22	11.5	2	2.5	＞12～30
	10.5					27				
M10	7		15	−0.160	24	32	18.5	2.5	8	＞30～85
	13					38				

5. 锁紧螺钉（表 3-48）

表 3-48　锁紧螺钉　　　　　　　　　　（单位:mm）

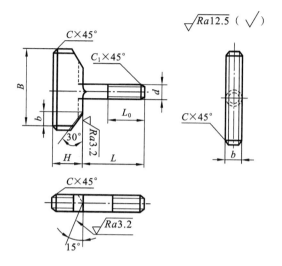

技术条件:

(1) 材料:45 钢;

(2) 热处理:淬火 33 ～38 HRC;

(3) 螺纹按 3 级精度制造;

(4) 锐边倒角;

(5) 表面发蓝或其他防锈处理。

d	M6	M8	M10	M12	M16
B	30	35	40	50	
H	12	15	18	22	30
b	6	8	10	12	16
L_0	15	20	25	30	40
C	1			1.5	
C_1	1	1.2	1.5	1.8	2
L	每　件　质　量　(kg)≈				
20	0.021				
25	0.022	0.042			
30	0.023	0.044	0.074		
40		0.048	0.079	0.130	
50		0.052	0.086	0.140	0.250
60			0.093	0.150	0.270
70				0.160	0.290
80				0.170	0.300
100					0.330

3.4.6 夹具专用螺栓(表 3-49)

表 3-49 球头螺栓(JB/T 8007.1—1999) (单位:mm)

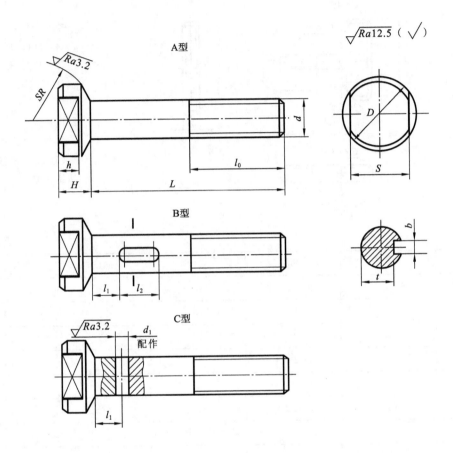

标记示例:

$d=$M20，$L=$120 mm 的 A 型球头螺栓标记为

螺栓　AM20×120　JB/T 8007.1—1999

$d=$M20，$l=$120 mm，$l_1=$30 的 B 型球头螺栓标记为

螺栓　BM20×120×30　JB/T 8007.1—1999

技术条件:

(1) 材料:45 钢,按 GB/T 699 的规定;

(2) 热处理:头部 H 长度上及螺纹 l_0 长度上 35~40 HRC;

(3) 其他技术条件按 JB/T 8044 的规定。

续表

		M6	M8	M10	M12	M16	M20	M24	M30	M36
d		M6	M8	M10	M12	M16	M20	M24	M30	M36
D		12.5	17	21	24	30	37	44	56	66
S	基本尺寸	10	13	16	18	24	30	36	46	55
	极限偏差	0 −0.220	0 −0.270		0 −0.330			0 −0.620		0 −0.740
H		7	9	10	12	14	16	20	22	26
h		4	5	6	7	8	9	10	12	14
SR		10	12	16	20	25	32	36	40	50
d_1	基本尺寸	2	3		4	5	6		8	10
	极限偏差 H7	+0.010 0			+0.012 0				+0.015 0	
b		2	3		4	5	6.5		8	10
t		4.9	6	8	9.5	13	16.5	20.5	25.5	31.5
l_0		16	20	25	30	40	50	60	70	80
d		M6	M8	M10	M12	M16	M20	M24	M30	M36
l_1		根据设计需要决定								
l_2		8	10	15	20				30	
L		25								
		30	30							
		35	35							
		40	40	40						
		45	45	45						
		50	50	50	50					
		60	60	60	60	60				
		70	70	70	70	70	70			
			80	80	80	80	80	80		
			90	90	90	90	90	90		
			100	100	100	100	100	100	100	
				110	110	110	110	110	110	
				120	120	120	120	120	120	120
				140	140	140	140	140	140	140
				160	160	160	160	160	160	160
					180	180	180	180	180	180
					200	200	200	200	200	200
						220	220	220	220	220
							250	250	250	250
								280	280	280
								320	320	320
									360	360
										400

3.4.7 夹具专用螺母

1. 带肩六角螺母（表 3-50）

　　表 3-50　带肩六角螺母（JB/T 8004.1—1999）　　　　　　（单位：mm）

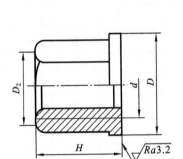

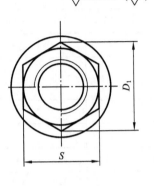

标记示例：

d＝M16×1.5 的带肩六角螺母标记为

螺母　M16×1.5　JB/T 8044.1—1999

本螺母可独立使用，不需要加平垫片，有较好的防松效果。

技术条件：

（1）材料：45 钢，按 GB/T 699 的规定；

（2）热处理：35～40 HRC；

（3）细牙螺母的支承面对螺纹轴心线的垂直度按 GB/T 1184—1996 中附录 B 表 B3 规定的 9 级公差；

（4）其他技术条件按 JB/T 8044 的规定。

d		D	H	S		$D_1 \approx$	$D_2 \approx$
普通螺纹	细牙螺纹			基本尺寸	极限偏差		
M5	—	10	8	8	0	9.2	7.5
M6	—	12.5	10	10	−0.220	11.5	9.5
M8	M8×1	17	12	13	0	14.2	13.5
M10	M10×1	21	16	16	−0.270	17.59	16.5
M12	M12×1.25	24	20	18		19.85	17
M16	M16×1.5	30	25	24	0	27.7	23
M20	M20×1.5	37	32	30	−0.330	34.6	29
M24	M24×1.5	44	38	36	0	41.6	34
M30	M30×1.5	56	48	46	−0.620	53.1	44
M36	M36×1.5	66	55	55		63.5	53
M42	M42×1.5	78	65	65	0	75	62
M48	M48×1.5	92	75	75	−0.740	86.5	72

2. 球面带肩螺母（表 3-51）

表 3-51　球面带肩螺母（JB/T 8004.2—1999）　　　　　　　（单位:mm）

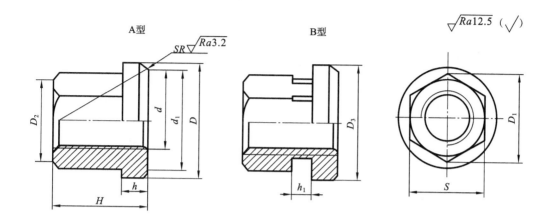

标记示例:

d＝M16 的 A 型球面带肩螺母标记为

螺母　AM16　JB/T 8044.2—1999

与球面垫圈配套使用,夹紧压板,达到夹紧工件的目的。

技术条件:

(1) 材料:45 钢,按 GB/T 699 的规定;

(2) 热处理:35～40 HRC;

(3) 其他技术条件按 JB/T 8044 的规定。

d	D	H	SR	S		$D_1 \approx$	$D_2 \approx$	D_3	d_1	h	h_1
				基本尺寸	极限偏差						
M6	12.5	10	10	10	0 −0.220	11.5	9.5	10	6.4	3	2.5
M8	17	12	12	13		14.2	13.5	14	8.4	4	3
M10	21	16	16	16	0 −0.270	17.59	16.5	18	10.5		3.5
M12	24	20	20	18		19.85	17	20	13	5	4
M16	30	25	25	24	0 −0.330	27.7	23	26	17	6	5
M20	37	32	32	30		34.6	29	32	21	6.6	
M24	44	38	36	36	0 −0.620	41.6	34	38	25	9.6	6
M30	56	48	40	46		53.1	44	48	31	9.8	7
M36	66	55	50	55		63.5	53	58	37	12	8
M42	78	65	63	65	0 −0.740	75	62	68	43	16	9
M48	92	75	70	75		86.5	72	78	50	20	10

3. 带孔滚花螺母（表 3-52）

表 3-52　带孔滚花螺母（JB/T 8004.5—1999）　　　　　　　（单位:mm）

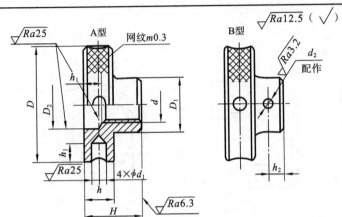

标记示例:

$d=$ M20 的 A 型带孔滚花螺母标记为

螺母　AM20　JB/T 8004.5—1999

技术条件:

(1) 材料:45 钢;

(2) 热处理:A 型 35~40 HRC。

d	D （滚花前）	D_1	D_2	H	h	d_1	d_2 基本尺寸	d_2 极限偏差 H7	h_1	h_2
M3	12	8	5	8	5	—	—	—	2	—
M4	18	10	6	10	6	—	—	—	2	—
M5	20	12	7	12	7	—	1.5	+0.010 0	3	2.5
M6	25	12	8	14	8	—	2	+0.010 0	4	3
M8	30	16	10	16	10	5	3	+0.010 0	5	3
M10	35	20	14	20	12	5	4	+0.010 0	5	4
M12	40	20	18	20	12	6	5	+0.010 0	7	4
M16	50	25	20	25	15	8	6	+0.012 0	8	5
M20	60	30	25	30	15	8	6	+0.012 0	10	7

4. 菱形螺母（表 3-53）

表 3-53　菱形螺母（JB/T 8004.6—1999）　　　　　　　（单位:mm）

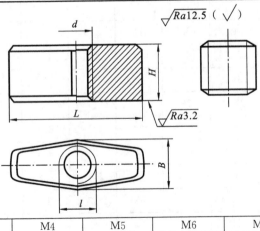

标记示例:

$d=$ M16 的菱形螺母标记为

螺母　M16　JB/T 8044.6—1999

用于手动夹紧夹具上的某些可改变位置的零件,如铰链式钻模板。

技术条件:

(1) 材料:45 钢,按 GB/T 699 的规定;

(2) 热处理:35~40 HRC;

(3) 其他技术条件按 JB/T 8044 的规定。

d	M4	M5	M6	M8	M10	M12	M16
L	20	25	30	35	40	50	60
B	7	8	10	12	14	16	22
H	8	10	12	16	20	22	25
l	4	5	6	8	10	12	16

3.4.8　夹具专用垫圈

1. 快换垫圈（表 3-54）

表 3-54　快换垫圈（JB/T 8008.5—1999）　　　　　　　　　　（单位：mm）

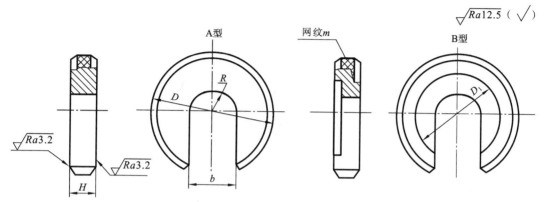

标记示例：

公称直径＝6 mm，D＝30 mm 的 A 型快换垫圈标记为

垫圈　A6×30　JB/T 8008.5—1999

技术条件：

（1）材料：45 钢，按 GB/T 699 的规定；

（2）热处理：35～40 HRC；

（3）其他技术条件按 JB/T 8044 的规定。

公称直径（螺纹直径）	5	6	8	10	12	16	20	24	30	36
b	6	7	9	11	13	17	21	25	31	37
D_1	13	15	19	23	26	32	42	50	60	72
m	0.3				0.4					
D					H					
16										
20	4	5								
25										
30		6	6							
35	6			7						
40		7	7		8					
50			8	8						
60						10	10			
70				10	10			10		
80								12	12	
90						12	12		14	
100									14	16
110								14		—
120							14	16	16	16
130									16	—
140									18	18
160										20

2. 转动垫圈

表 3-55　转动垫圈（JB/T 8008.4—1999）　　　　　　　（单位：mm）

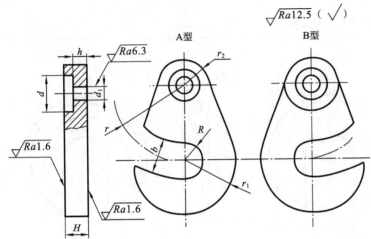

标记示例：

公称直径＝8 mm，r＝22 mm 的 A 型转动垫圈标记为

　垫圈　A8×22　JB/T 8008.4—1999

技术条件：

（1）材料：45 钢，按 GB/T 699 的规定；

（2）热处理：35～40 HRC；

（3）其他技术条件按 JB/T 8044 的规定。

公称直径（螺纹直径）	r	r₁	H	d	d₁ 基本尺寸	d₁ 极限偏差 H11	h 基本尺寸	h 极限偏差	b	r₂
5	15	11	6	9	5	+0.075 / 0	3		7	7
	20	14								
6	18	13	7	11	6				8	8
	25	18								
8	22	16	8	14	8				10	10
	30	22								
10	26	20	10	18	10	+0.090 / 0	4		12	
	35	26								13
12	32	25							14	
	45	32						0 / −0.100		
16	38	28	12				5		18	
	50	36								
20	45	32	14	22	12		6		22	15
	60	42								
24	50	38	16			+0.110 / 0	8		26	
	70	50								
30	60	45	18	26	16				32	18
	80	58								
36	70	55	20				10		38	
	95	70								

3.5　导　向　件

1. 固定钻套（表 3-56）

表 3-56　固定钻套(JB/T 8045.1—1999)　　　　　　　　（单位:mm）

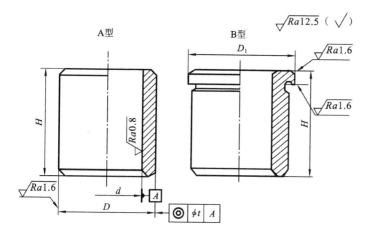

标记示例:

$d=28$ mm, $H=45$ mm 的 A 型固定钻套标记为

钻套 A28×45　JB/T 8045.1—1999

技术条件:

(1) 材料: $d \leqslant 26$ mm, 用 T10A; $d > 26$ mm, 用 20 钢;

(2) 热处理: T10A, 58～64 HRC; 20 钢, 渗碳深度 0.8～1.2 mm, 58～64 HRC;

(3) 其他技术条件按 JB/T 8044 的规定。

d 基本尺寸	极限偏差 F7	D 基本尺寸	极限偏差 d6	D_1	H			t
>0~1	+0.016 / +0.006	3	+0.010 / +0.004	6	6	9	—	0.008
>1~1.8	+0.016 / +0.006	4	+0.016 / +0.008	7	6	9	—	0.008
>1.8~2.6	+0.016 / +0.006	4	+0.016 / +0.008	8	8	12	16	0.008
>2.6~3	+0.016 / +0.006	6	+0.016 / +0.008	9	8	12	16	0.008
>3~3.3	+0.022 / +0.010	6	+0.016 / +0.008	9	8	12	16	0.008
>3.3~4	+0.022 / +0.010	7	+0.019 / +0.010	10	10	16	20	0.008
>4~5	+0.022 / +0.010	8	+0.019 / +0.010	11	10	16	20	0.008
>5~6	+0.022 / +0.010	10	+0.019 / +0.010	13	10	16	20	0.008
>6~8	+0.028 / +0.013	12	+0.023 / +0.012	15	12	20	25	0.008
>8~10	+0.028 / +0.013	15	+0.023 / +0.012	18	12	20	25	0.008
>10~12	+0.034 / +0.016	18	+0.028 / +0.015	22	16	28	36	0.008
>12~15	+0.034 / +0.016	22	+0.028 / +0.015	26	16	28	36	0.008
>15~18	+0.034 / +0.016	26	+0.028 / +0.015	30	16	28	36	0.008
>18~22	+0.041 / +0.020	30	+0.033 / +0.017	34	20	36	45	0.012
>22~26	+0.041 / +0.020	35	+0.033 / +0.017	39	20	36	45	0.012
>26~30	+0.041 / +0.020	42	+0.033 / +0.017	46	25	45	56	0.012
>30~35	+0.050 / +0.025	48	+0.033 / +0.017	52	25	45	56	0.012
>35~42	+0.050 / +0.025	55	+0.039 / +0.020	59	30	56	67	0.012
>42~48	+0.050 / +0.025	62	+0.039 / +0.020	66	30	56	67	0.012
>48~50	+0.050 / +0.025	70	+0.039 / +0.020	74	30	56	67	0.012
>50~55	+0.060 / +0.030	70	+0.039 / +0.020	74	30	56	67	0.040
>55~62	+0.060 / +0.030	78	+0.039 / +0.020	82	35	67	78	0.040
>62~70	+0.060 / +0.030	85	+0.045 / +0.023	90	35	67	78	0.040
>70~78	+0.060 / +0.030	95	+0.045 / +0.023	100	40	78	105	0.040
>78~80	+0.060 / +0.030	95	+0.045 / +0.023	100	40	78	105	0.040
>80~85	+0.071 / +0.036	105	+0.045 / +0.023	110	40	78	105	0.040

2. 钻套用衬套(表 3-57)

表 3-57　钻套用衬套(JB/T 8045.4—1999)　　　　　　　　(单位:mm)

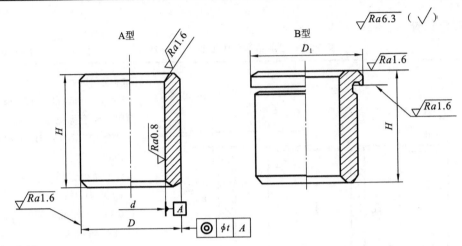

标记示例:

$d=18$ mm,$H=28$ mm 的 A 型钻套用衬套标记为

衬套　A18×28　JB/T 8045.4—1999

技术条件:

(1) 材料:$d≤26$ mm,T10A 按 GB/T 1298 的规定;$d>26$ mm,20 钢按 GB/T 699 的规定;

(2) 热处理:T10A 为 58~64 HRC;20 钢渗碳深度 0.8~1.2 mm,58~64 HRC;

(3) 其他技术条件按 JB/T 8044 的规定。

d		D		D_1	H			t
基本尺寸	极限偏差 F7	基本尺寸	极限偏差 n6					
8	+0.028	12	+0.023	15	10	16	—	
10	+0.013	15	+0.012	18	12	20	25	0.008
12	+0.034	18		22				
(15)	+0.016	22	+0.028	26	16	28	36	
18		26	+0.015	30				
22	+0.041	30		34	20	36	45	
(26)	+0.020	35	+0.033	39				
30		42	+0.017	46	25	45	56	0.012
35	+0.050	48		52				
(42)	+0.025	55	+0.039	59	30	56	67	
(48)		62	+0.020	66				
55		70	+0.039	74	30	56	67	
62	+0.060	78	+0.020	82	35	67	78	
70	+0.030	85		90				
78		95	+0.045	100	40	78	105	0.040
(85)		105	+0.023	110				
95	+0.071	115		120	45	89	112	
105	+0.036	125	+0.052	130				
			+0.027					

注:因 F7 为装配后公差带,零件加工尺寸需由工艺决定(需要预留收缩量时,推荐为 0.006~0.012 mm)。

3. 可换钻套（表 3-58）

表 3-58　可换钻套（JB/T 8045.2—1999）　　　　　　　　（单位:mm）

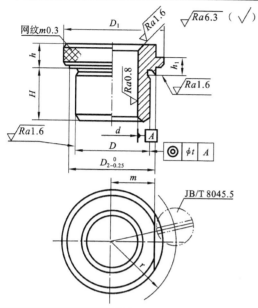

标记示例:

$d=12$ mm、公差带为 F7,$D=18$ mm、公差带为 k6,$H=16$ mm 的可换钻套标记为

钻套　12F7×18k6×16　JB/T 8045.2—1999

技术条件:

（1）材料:$d \leqslant 26$ mm,T10A 按 GB/T 1298 的规定;$d>26$ mm,20 钢按 GB/T 699 的规定;

（2）热处理:T10A,58～64 HRC;20 钢,渗碳深度为 0.8～1.2 mm,58～64 HRC;

（3）其他技术条件按 JB/T 8044 的规定。

d 基本尺寸	d 极限偏差 F7	D 基本尺寸	D 极限偏差 m6	D 极限偏差 k6	D_1 (滚花前)	D_2	H	h	h_1	r	m	t	配用螺钉 JB/T 8045.5
>0~3	+0.016 / +0.006	8	+0.015 / +0.006	+0.010 / +0.001	15	12	10 16 —	8	3	11.5	4.2	0.008	M5
>3~4	+0.022 / +0.010	8	+0.015 / +0.006	+0.010 / +0.001	15	12	10 16 —	8	3	11.5	4.2	0.008	M5
>4~6	+0.022 / +0.010	10	+0.018 / +0.007	+0.012 / +0.001	18	15	12 20 25	8	3	13	5.5	0.008	M5
>6~8	+0.028 / +0.013	12	+0.018 / +0.007	+0.012 / +0.001	22	18	12 20 25	10	4	16	7	0.008	M6
>8~10	+0.028 / +0.013	15	+0.018 / +0.007	+0.012 / +0.001	26	22	16 28 36	10	4	18	9	0.008	M6
>10~12	+0.034 / +0.016	18	+0.018 / +0.007	+0.012 / +0.001	30	26	16 28 36	10	4	20	11	0.008	M6
>12~15	+0.034 / +0.016	22	+0.021 / +0.008	+0.015 / +0.002	34	30	20 36 45	12	5.5	23.5	12	0.008	M8
>15~18	+0.034 / +0.016	26	+0.021 / +0.008	+0.015 / +0.002	39	35	20 36 45	12	5.5	26	14.5	0.008	M8
>18~22	+0.041 / +0.020	30	+0.025 / +0.009	+0.018 / +0.002	46	42	25 45 56	12	5.5	29.5	18	0.012	M8
>22~26	+0.041 / +0.020	35	+0.025 / +0.009	+0.018 / +0.002	52	46	25 45 56	12	5.5	32.5	21	0.012	M8
>26~30	+0.041 / +0.020	42	+0.025 / +0.009	+0.018 / +0.002	59	53	30 56 67	12	5.5	36	24.5	0.012	M8
>30~35	+0.050 / +0.025	48	+0.025 / +0.009	+0.018 / +0.002	66	60	30 56 67	16	7	41	27	0.012	M10
>35~42	+0.050 / +0.025	55	+0.030 / +0.011	+0.021 / +0.002	74	68	35 67 78	16	7	45	31	0.012	M10
>42~48	+0.050 / +0.025	62	+0.030 / +0.011	+0.021 / +0.002	82	76	35 67 78	16	7	49	35	0.012	M10
>48~50	+0.050 / +0.025	70	+0.030 / +0.011	+0.021 / +0.002	90	84	35 67 78	16	7	53	39	0.012	M10
>50~55	+0.060 / +0.030	70	+0.030 / +0.011	+0.021 / +0.002	90	84	35 67 78	16	7	53	39	0.012	M10
>55~62	+0.060 / +0.030	78	+0.030 / +0.011	+0.021 / +0.002	100	94	40 78 105	16	7	58	44	0.040	M10
>62~70	+0.060 / +0.030	85	+0.035 / +0.013	+0.025 / +0.003	110	104	40 78 105	16	7	63	49	0.040	M10
>70~78	+0.060 / +0.030	95	+0.035 / +0.013	+0.025 / +0.003	120	114	40 78 105	16	7	68	54	0.040	M10
>78~80	+0.060 / +0.030	105	+0.035 / +0.013	+0.025 / +0.003	130	124	45 89 112	16	7	73	59	0.040	M10
>80~85	+0.071 / +0.036	105	+0.035 / +0.013	+0.025 / +0.003	130	124	45 89 112	16	7	73	59	0.040	M10

注:(1) 作为铰(扩)套使用时,d 的公差带推荐如下:采用 GB/T 1132 铰刀,铰 H7 孔时,取 F7;铰 H9 孔时,取 E7。铰(扩)其他精度孔时,公差带由设计决定。

　　(2) 铰(扩)套的标记示例:$d=12$ mm(公差带为 E7),$D=18$ mm(公差带为 m6),$H=16$ mm 的可换铰(扩)套标记为

　　　　铰(扩)套　12E7×18m6×16　JB/T 8045.2

4. 快换钻套（表 3-59）

表 3-59　快换钻套（JB/T 8045.3—1999）　　　　　　　（单位：mm）

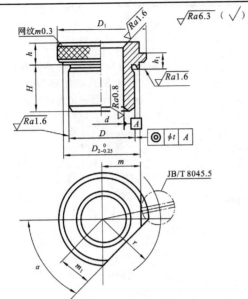

标记示例：

$d = 28$ mm（公差带为 F7），$D = 42$ mm（公差带为 K6），$H = 30$ mm 的快换钻套标记为

钻套　28F7 × 42K6 × 30　JB/T 8045.3—1999

技术条件：

(1) 材料：$d \leqslant 26$ mm，用 T10A；$d > 26$ mm，用 20 钢；

(2) 热处理：T10A，58～64 HRC；20 钢，渗碳深度 0.8～1.2 mm，58～64 HRC；

(3) 其他技术条件按 JB/T 8044 的规定。

d		D			D_1（滚花前）	D_2	H			h	h_1	r	m	m_1	α	t	配用螺钉 JB/T 8045.5
基本尺寸	极限偏差 F7	基本尺寸	极限偏差 m6	极限偏差 k6													
>0～3	+0.016 +0.006	8	+0.015 +0.006	+0.010 +0.001	15	12	10	16	—	8	3	11.5	4.2	4.2	50°	0.008	M5
>3～4	+0.022 +0.010				18	15	12	20	25			13	5.5	5.5			
>4～6		10			18	15	12	20	25			13	5.5	5.5			
>6～8	+0.028 +0.013	12	+0.018 +0.007	+0.012 +0.001	22	18	16	28	56	10	4	16	7	7			M6
>8～10		15			26	22						18	9	9			
>10～12		18			30	26						20	11	11			
>12～15	+0.034 +0.016	22	+0.021 +0.008	+0.016 +0.002	34	30	20	36	45	12	5.5	23.5	12	12	55°		M8
>15～18		26			39	35						26	14.5	14.5			
>18～22		30			46	42	25	45	56			29.5	18	18			
>22～26	+0.041 +0.020	35	+0.025 +0.009	+0.018 +0.002	52	46						32.5	21	21		0.012	
>26～30		42			59	53						36	24.5	25	65°		
>30～35		48			66	60	30	56	67			41	27	28			
>35～42	+0.050 +0.025	55			74	68						45	31	32			
>42～48		62	+0.030 +0.011	+0.021 +0.002	82	76	35	67	78			49	35	36			
>48～50		70			90	84						53	39	40	70°		M10
>50～55		70			90	84						53	39	40			
>55～62	+0.060 +0.030	78			100	94	40	78	105	16	7	58	44	45			
>62～70		85			110	104						63	49	50		0.040	
>70～78		95	+0.035 +0.013	+0.025 +0.003	120	114						68	54	55			
>78～80		105			130	124	45	89	112			73	59	60	75°		
>80～85	+0.071 +0.036	105			130	124	45	89	112			73	59	60			

注：(1) 作为铰（扩）套使用时，d 的公差带推荐如下：采用 GB/T 1132 铰刀，铰 H7 孔时取 F7；铰 H9 孔时取 E7。铰（扩）其他精度孔时，公差带由设计决定。

(2) 铰（扩）套标记示例：$d = 12$ mm（公差带为 E7）、$D = 18$ mm（公差带为 m6）、$H = 16$ mm 的快换铰（扩）套标记为
　　铰（扩）套　12E7 × 18m6 × 16 JB/T 8045.3—1999

5. 定位衬套（表 3-60）

表 3-60 定位衬套（JB/T 8013.1—1999）　　（单位:mm）

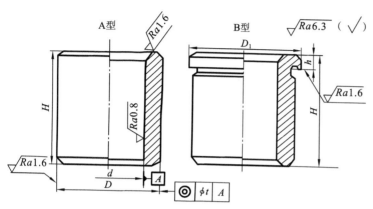

标记示例:

$d=22$ mm(公差带为 H6),$H=20$ mm 的 A 型定位衬套标记为

定位衬套　A22H6×20 JB/T 8013.1—1999

技术条件:

（1）材料:$d\leqslant25$ mm,T8 按 GB/T 1298 的规定;$d>25$ mm,20 钢按 GB/T 699 的规定;

（2）热处理:T8,55～60 HRC;20 钢,渗碳深度 0.8～1.2 mm,55～60 HRC;

（3）其他技术条件按 JB/T 8044 的规定。

d 基本尺寸	极限偏差 H6	极限偏差 H7	H	D 基本尺寸	极限偏差 n6	D_1	h	t 用于 H6	t 用于 H7
3	+0.006 / 0	+0.010 / 0	8	8	+0.019 / +0.010	11	3	0.005	0.008
4	+0.008 / 0	+0.012 / 0	10	10		13			
6				12	+0.023 / +0.012	15			
8	+0.009 / 0	+0.015 / 0	12	15		18	4		
10				18		22			
12	+0.011 / 0	+0.018 / 0	16	22	+0.028 / +0.015	26			
15				26		30			
18			20	30	+0.033 / +0.017	34	5	0.008	0.012
22	+0.013 / 0	+0.021 / 0		35		39			
26			25 / 45	42		46			
30			25 / 45	48		52			
35	+0.016 / 0	+0.025 / 0	30 / 56	55	+0.039 / +0.020	59			
42			30 / 56	62		66	6	0.025	0.040
48			30 / 56	70		74			
55	+0.019 / 0	+0.030 / 0	35 / 67	78	+0.045 / +0.023	82			
62			35 / 67	85		90			
70			40 / 78	95		100			
78									

3.6　对刀块及塞尺

3.6.1　对刀块

1. 圆形对刀块(表 3-61)

表 3-61　圆形对刀块(JB/T 8031.1—1999)　　　　　　　　　(单位:mm)

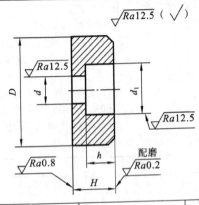

标记示例:

D=25 mm 的圆形对刀块标记为

对刀块　25　JB/T 8031.1—1999

技术条件:

(1) 材料:20 钢按 GB/T 699 的规定;

(2) 热处理:渗碳深度 0.8～1.2 mm,58～64 HRC;

(3) 其他技术条件按 JB/T 8044 的规定。

D	H	h	d	d_1
16	10	6	5.5	10
25		7	6.6	11

2. 方形对刀块、直角对刀块(表 3-62)

表 3-62　方形对刀块(JB/T 8031.2—1999)和直角对刀块(JB/T 8031.3—1999)　　(单位:mm)

名称	国标代号及零件图	标记示例及技术要求
方形对刀块	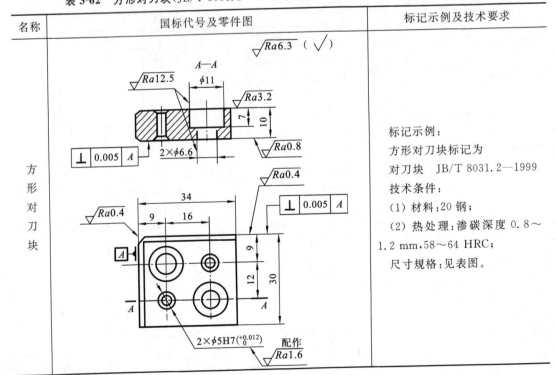	标记示例: 方形对刀块标记为 对刀块　JB/T 8031.2—1999 技术条件: (1) 材料:20 钢; (2) 热处理:渗碳深度 0.8～1.2 mm,58～64 HRC; 尺寸规格:见表图。

名称	国标代号及零件图	标记示例及技术要求
直角对刀块	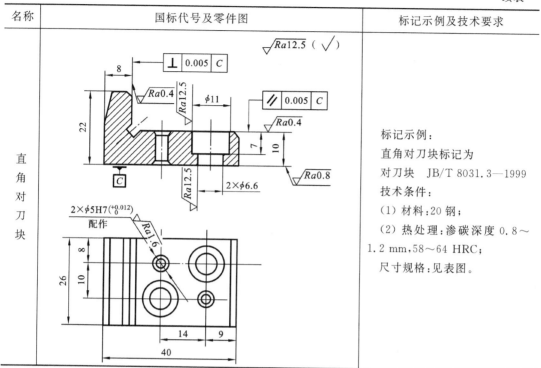	标记示例： 直角对刀块标记为 对刀块　JB/T 8031.3—1999 技术条件： (1) 材料：20 钢； (2) 热处理：渗碳深度 0.8～1.2 mm,58～64 HRC； 尺寸规格：见表图。

3. 侧装对刀块（表 3-63）

表 3-63　侧装对刀块（JB/T 8031.4—1999）　　　　　　（单位：mm）

名称	国标代号及零件图	标记示例及技术要求
侧装对刀块	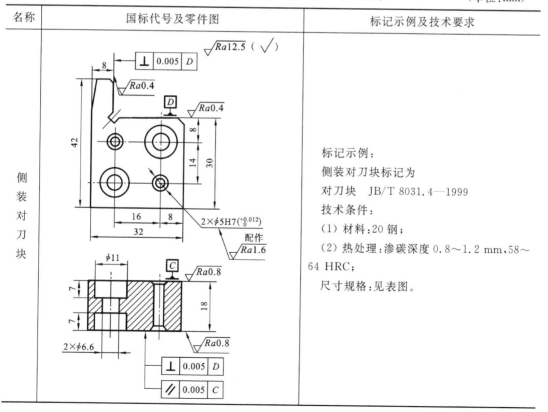	标记示例： 侧装对刀块标记为 对刀块　JB/T 8031.4—1999 技术条件： (1) 材料：20 钢； (2) 热处理：渗碳深度 0.8～1.2 mm,58～64 HRC； 尺寸规格：见表图。

3.6.2　塞尺

1. 对刀平塞尺（表 3-64）

表 3-64　对刀平塞尺（JB/T 8032.1—1999）　　　　（单位：mm）

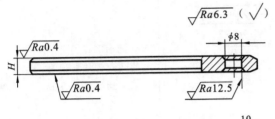

标记示例：

$H=5$ mm 的对刀平塞尺标记为

塞尺　5　JB/T 8032.1—1999

技术条件：

(1) 材料：T8，按 GB/T 1298 的规定；

(2) 热处理：55～60 HRC；

(3) 其他技术条件按 JB/T 8044 的规定。

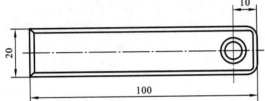

H	
基本尺寸	极限偏差 h8
1	
2	0 −0.014
3	
4	0 −0.018
5	

2. 对刀圆柱塞尺（表 3-65）

表 3-65　对刀圆柱塞尺（JB/T 8032.2—1999）　　　　（单位：mm）

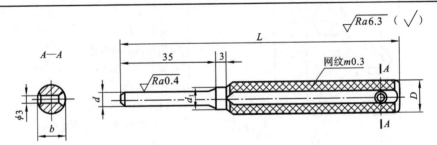

标记示例：

$d=5$ mm 的对刀圆柱塞尺标记为

塞尺　5　JB/T 8032.2—1999

技术条件：

(1) 材料：T8，按 GB/T 1298 的规定；

(2) 热处理：55～60 HRC；

(3) 其他技术条件按 JB/T 8044 的规定。

续表

d 基本尺寸	d 极限偏差 h8	D（滚花前）	L	d_1	b
3	0 −0.014	7	90	5	6
5	0 −0.018	10	100	8	9

3.7　夹具常用操作件

下面给出夹具常用操作件——固定手柄的规格尺寸（表 3-66）。

表 3-66　固定手柄（JB/T 8024.2—1999）　　　　　　　　（单位：mm）

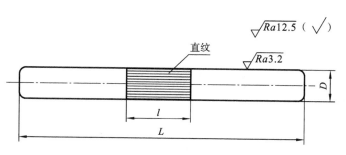

标记示例：

$D=8$ mm，$L=80$ mm 的固定手柄标记为

手柄　8×80　JB/T 8024.2 —1999

技术条件：

（1）材料：Q235A，按 GB/T 700 的规定；

（2）其他技术条件按 JB/T 8044 的规定。

D	5	6	8	10	12	16	20
l	15	18	20	22	26	32	
L	50						
	60	60					
		80	80				
		100	100	100			
			120	120	120		
			160	160	160	160	
			200	200	200	200	200
					250	250	250
						320	320
							360

3.8　机床夹具零部件应用图例

1. V 形块（图 3-1）

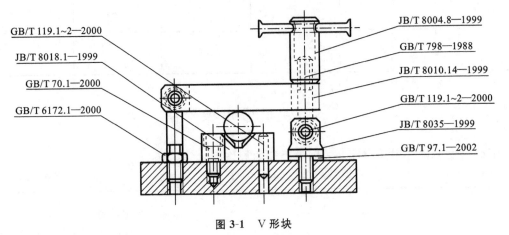

图 3-1　V 形块

2. 固定 V 形块（图 3-2）

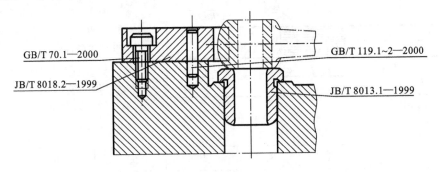

图 3-2　固定 V 形块

3. 活动 V 形块和导板（图 3-3）

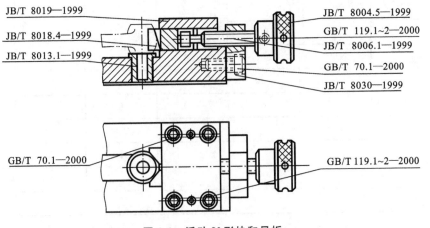

图 3-3　活动 V 形块和导板

4. 钻套、衬套组合（图 3-4）

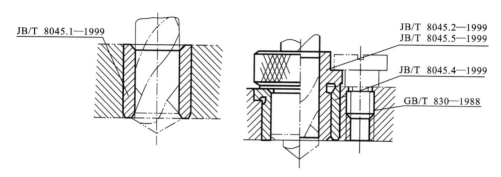

图 3-4　钻套、衬套组合

5. 圆形对刀块（图 3-5）

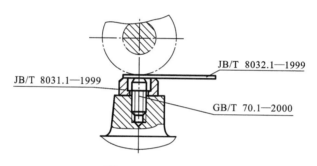

图 3-5　圆形对刀块

6. 方形对刀块（图 3-6）

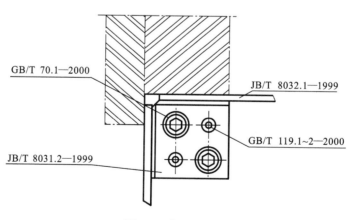

图 3-6　方形对刀块

7. 直角对刀块（图 3-7）

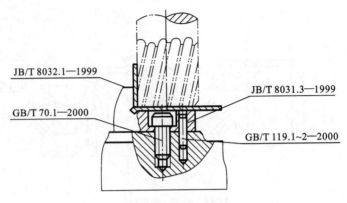

JB/T 8032.1—1999

GB/T 70.1—2000

JB/T 8031.3—1999

GB/T 119.1~2—2000

图 3-7　直角对刀块

8. 侧装对刀块（图 3-8）

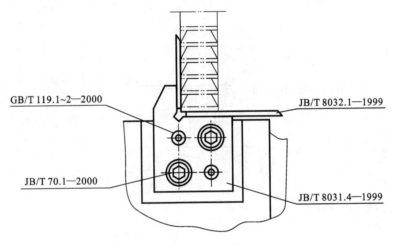

GB/T 119.1~2—2000

JB/T 8032.1—1999

JB/T 70.1—2000

JB/T 8031.4—1999

图 3-8　侧装对刀块

附录 A   典型螺旋压板夹紧机构

名称	典型示例
螺旋移动压板夹紧机构	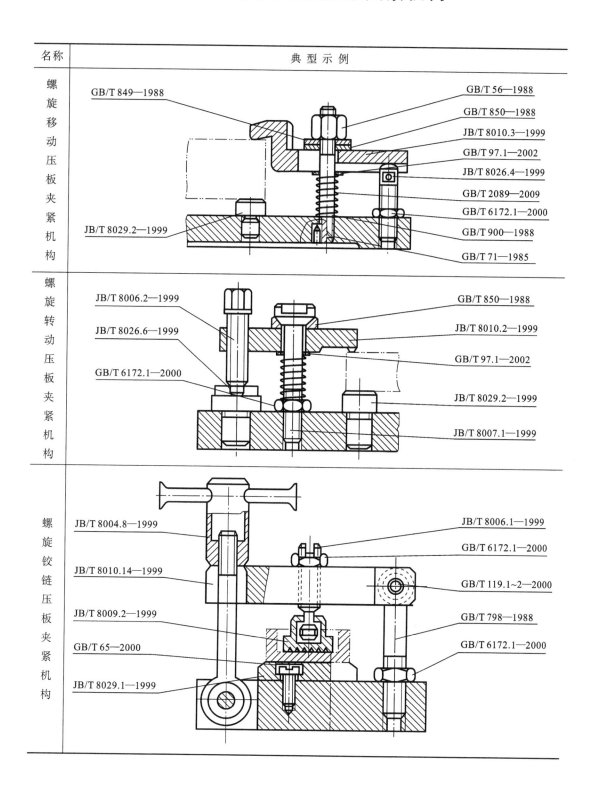 GB/T 849—1988 JB/T 8029.2—1999 GB/T 56—1988 GB/T 850—1988 JB/T 8010.3—1999 GB/T 97.1—2002 JB/T 8026.4—1999 GB/T 2089—2009 GB/T 6172.1—2000 GB/T 900—1988 GB/T 71—1985
螺旋转动压板夹紧机构	JB/T 8006.2—1999 JB/T 8026.6—1999 GB/T 6172.1—2000 GB/T 850—1988 JB/T 8010.2—1999 GB/T 97.1—2002 JB/T 8029.2—1999 JB/T 8007.1—1999
螺旋铰链压板夹紧机构	JB/T 8004.8—1999 JB/T 8010.14—1999 JB/T 8009.2—1999 GB/T 65—2000 JB/T 8029.1—1999 JB/T 8006.1—1999 GB/T 6172.1—2000 GB/T 119.1~2—2000 GB/T 798—1988 GB/T 6172.1—2000

附录B 夹具装配图示例

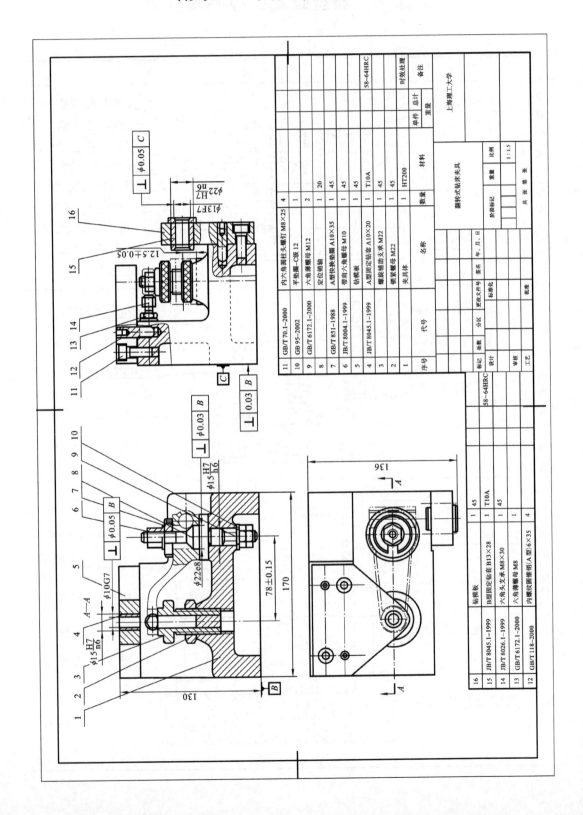

参 考 文 献

［1］ 上海柴油机厂工艺设备研究所. 金属切削机床夹具设计手册［M］. 北京:机械工业出版社,1984.

［2］ 孟宪栋,刘彤安. 机床夹具设计图册［M］. 北京:机械工业出版社,1992.

［3］ 机床夹具零件及部件(国家标准)［M］. 北京:中国标准出版社,1992.

［4］ 杨黎明. 机床夹具设计手册［M］. 北京:国防工业出版社,1996.

［5］ 吴宗泽. 机械零件设计手册［M］. 北京:机械工业出版社,2004.

［6］ 李庆寿. 机械制造工艺装备设计实用手册［M］. 银川:宁夏人民出版社,1991.

［7］ 冯冠大. 典型零件机械加工工艺［M］. 北京:机械工业出版社,1986.

［8］ 张耀宸. 机械加工工艺设计手册［M］. 北京:航空工业出版社,1987.

［9］ 卢秉恒. 机械制造技术基础［M］. 3 版. 北京:机械工业出版社,2007.

［10］ 朱耀祥,浦林祥. 现代夹具设计手册［M］. 北京:机械工业出版社,2009.

［11］ 柯建宏. 机械制造技术基础课程设计［M］. 2 版. 武汉:华中科技大学出版社,2012.

［12］ 王贤民,郑雄胜. 机械设计课程设计指导书［M］. 武汉:华中科技大学出版社,2011.

［13］ 吴拓. 简明机床夹具设计手册［M］. 北京:化学工业出版社,2010.

［14］ 吴宗泽. 机械设计实用手册［M］. 3 版. 北京:化学工业出版社,2010.